もくじ —————————————————————————contents

JN109056

問題総数　197題
例 53題，基本問題 66題，標準問題 52題，
考えてみよう 6題，例題 10題，練習 10題

学習記録表の使い方

- ●「学習日」の欄には，学習した日付を記入しましょう。
- ●「問題番号＆チェック」の欄には，以下の基準を参考に，問題番号に○，△，×をつけましょう。
  - ○：正解した，理解できた
  - △：正解したが自信がない
  - ×：間違えた，よくわからなかった
- ●「メモ」の欄には，間違えたところや疑問に思ったことなどを書いておきましょう。復習のときは，ここに書いたことに気をつけながら学習しましょう。
- ●「検印」の欄は，先生の検印欄としてご利用いただけます。

この問題集で学習するみなさんへ

　本書は，教科書「新編数学B」に内容や配列を合わせてつくられた問題集です。教科書の完全な理解と，技能の定着をはかることをねらいとし，基本事項から段階的に学習を進められる展開にしました。また，類似問題の反復練習によって，着実に内容を理解できるようにしました。

　学習項目は，教科書の配列をもとに内容を細かく分けています。また，各項目の構成要素は以下の通りです。

> KEY では定義や公式などの基本事項を簡潔にまとめました。

> KEY の内容の典型的な例を，問題文＋解答の形式で示しました。

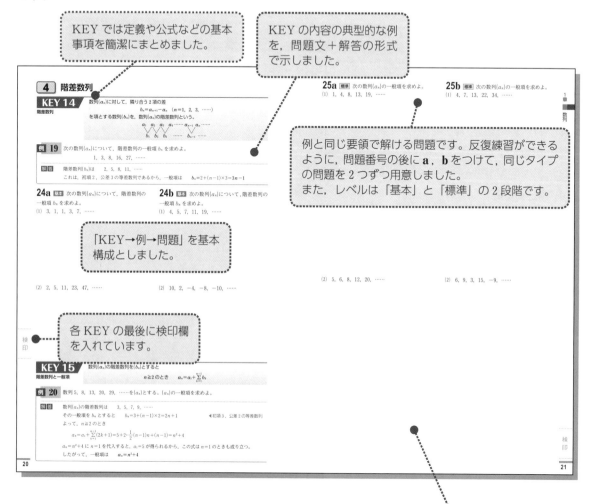

> 例と同じ要領で解ける問題です。反復練習ができるように，問題番号の後に **a**，**b** をつけて，同じタイプの問題を2つずつ用意しました。
> また，レベルは「基本」と「標準」の2段階です。

> 「KEY→例→問題」を基本構成としました。

> 各 KEY の最後に検印欄を入れています。

> 一部の章には，既習事項が復習できる Web アプリがあります。

> 問題の下の空欄は解答を直接書き込むためのものです。解答の書き方も練習しましょう。また，間違えたときは誤りを消さずに残しておいて，正しい答えや気づきを書き加えておきましょう。どこで間違えたかを確認して，同じミスをしないように気をつけましょう。

> 学習内容をより深く考えたり，いろいろな見方・考え方を身につけたりするための課題です。

> **考えてみよう 1** 1から200までの自然数のうち，9の倍数でない数の和を求めてみよう。

例題 5 （等差数列）×（等比数列）の形の数列の和

次の和 S_n を求めよ。
$$S_n = 1\cdot3 + 2\cdot3^2 + 3\cdot3^3 + \cdots + n\cdot3^n$$

【ガイド】 $S_n - 3S_n$ を，等比数列の和の公式を利用して計算する。

【解答】 $S_n = 1\cdot3 + 2\cdot3^2 + 3\cdot3^3 + \cdots + n\cdot3^n$ の両辺を3倍して，$S_n - 3S_n$ を計算すると

$$S_n = 1\cdot3 + 2\cdot3^2 + 3\cdot3^3 + \cdots\cdots + n\cdot3^n$$
$$-)\quad 3S_n = \qquad 1\cdot3^2 + 2\cdot3^3 + \cdots\cdots + (n-1)\cdot3^n + n\cdot3^{n+1}$$
$$\overline{\quad -2S_n = \ 3 + \ 3^2 + \ 3^3 + \qquad\qquad\qquad\qquad 3^n - n\cdot3^{n+1}\quad}$$

よって $-2S_n = \dfrac{3(3^n-1)}{3-1} - n\cdot3^{n+1} = \dfrac{3(3^n-1) - 2n\cdot3^{n+1}}{2}$

したがって $S_n = \dfrac{(2n-1)\cdot3^{n+1}+3}{4}$

練習 5 次の和 S_n を求めよ。
$$S_n = 3\cdot1 + 4\cdot2 + 5\cdot2^2 + \cdots\cdots + (n+2)\cdot2^{n-1}$$

例題 6 群数列

奇数の列を，次のような群に分ける。
$$1,|\ 3,\ 5,\ 7,\ 9,\ 11,\ 13,\ 15,\ 17,|\ 19,\ 21,\ 23,\ 25,\ 27,\ 29,\ 31,|\ 33,\ \cdots\cdots$$

(1) 第 n 群の最初の奇数を求めよ。
(2) 第10群に含まれるすべての奇数の和 S を求めよ。

【ガイド】 (1) 第1群から第$(n-1)$群までの項の総数を求める。
(2) まず，(1)を利用して，第10群の最初の項を求める。

【解答】 (1) 第 n 群に含まれる項数は $2n-1$ であるから，$n \geqq 2$ のとき，第1群から第$(n-1)$群までの項の総数は
$(n-1)^2$ ◀1からはじまる n 個の奇数の和は n^2
よって，第 n 群の最初の項は，もとの奇数の列で$\{(n-1)^2+1\}$番目である。
これは $n=1$ のときも成り立つ。
したがって，求める奇数は ◀k番目の奇数は
$2\{(n-1)^2+1\}-1 = 2n^2-4n+3$ $2k-1$
(2) (1)の結果から第10群の最初の項は $2\cdot10^2-4\cdot10+3 = 163$ ◀第10群の項数は
よって，第10群は，初項163，公差2，項数19の等差数列である $2\cdot10-1 = 19$
から $S = \dfrac{1}{2}\times19\times\{2\times163 + (19-1)\times2\} = 3439$

練習 6 自然数の列を，次のような群に分ける。
$$1,\ 2,|\ 3,\ 4,\ 5,\ 6,|\ 7,\ 8,\ 9,\ 10,\ 11,\ 12,|\ \cdots\cdots$$

(1) 第 n 群の最初の自然数を求めよ。

(2) 第20群に含まれるすべての自然数の和 S を求めよ。

巻末には略解があるので，自分で答え合わせができます。詳しい解答は別冊で扱っています。

また，巻頭にある「学習記録表」に学習の結果を記録して，見直しのときに利用しましょう。間違えたところや苦手なところを重点的に学習すれば，効率よく弱点を補うことができます。

◆学習支援サイト「プラスウェブ」のご案内

本書に掲載した二次元コードのコンテンツをパソコンで見る場合は，以下のURLからアクセスできます。

https://dg-w.jp/b/d0b0001

注意 コンテンツの利用に際しては，一般に，通信料が発生します。

1 数列と一般項

KEY 1
数列と一般項

ある規則にしたがって並べられた数の列を数列といい，一般に次のように表す。

$$a_1, \ a_2, \ a_3, \ \cdots\cdots, \ a_n, \ \cdots\cdots$$

数列の第 n 項 a_n が n の式で表されるとき，これを数列の一般項という。

一般項 a_n の n に 1, 2, 3, ……を代入すれば，その数列のすべての項を得ることができる。

例 1 初項 3 に次々と 3 を掛けてできる数列

$$3, \ 9, \ 27, \ 81, \ \cdots\cdots$$

の一般項 a_n を n の式で表せ。

解答 $a_n = 3^n$　　　　　　　◀ $3^1, \ 3^2, \ 3^3, \ 3^4, \ \cdots\cdots$

1a 基本 4 の正の倍数を小さい順に並べた数列

$$4, \ 8, \ 12, \ 16, \ \cdots\cdots$$

の一般項 a_n を n の式で表せ。

1b 基本 初項 1 に次々と 2 を掛けてできる数列

$$1, \ 2, \ 4, \ 8, \ \cdots\cdots$$

の一般項 a_n を n の式で表せ。

例 2 一般項が $a_n = 5n + 2$ で表される数列 $\{a_n\}$ の初項から第 3 項までを求めよ。

解答 n に 1, 2, 3 を代入して

$a_1 = 5 \times 1 + 2 = 7, \quad a_2 = 5 \times 2 + 2 = 12, \quad a_3 = 5 \times 3 + 2 = 17$

2a 基本 一般項が $a_n = 3n^2 - 1$ で表される数列 $\{a_n\}$ の初項から第 5 項までを求めよ。

2b 基本 一般項が $a_n = 2 \times 3^n$ で表される数列 $\{a_n\}$ の初項から第 5 項までを求めよ。

2 等差数列

KEY 2
等差数列の一般項

初項 a，公差 d の等差数列 $\{a_n\}$ の一般項は
$$a_n = a + (n-1)d$$

例 3 初項3，公差2の等差数列 $\{a_n\}$ について，次の問いに答えよ。

(1) 一般項を求めよ。　　(2) 第10項 a_{10} を求めよ。　　(3) 41はこの数列の第何項か。

解答 (1) $a_n = 3 + (n-1) \times 2 = 2n + 1$

(2) 第10項は $a_{10} = 2 \times 10 + 1 = 21$

(3) 41が第 n 項であるとすると $2n + 1 = 41$ 　　よって 　　$n = 20$
したがって，41は**第20項**である。

3a 基本 次の等差数列 $\{a_n\}$ の一般項を求めよ。また，第20項を求めよ。

(1) 初項2，公差4

(2) -2, 1, 4, 7, ……

3b 基本 次の等差数列 $\{a_n\}$ の一般項を求めよ。また，第30項を求めよ。

(1) 初項 -2，公差 -3

(2) 5, 3, 1, -1, ……

4a 標準 初項5，公差3の等差数列 $\{a_n\}$ において，38は第何項か。

4b 標準 初項15，公差 -6 の等差数列 $\{a_n\}$ において，-111 は第何項か。

等差数列の一般項 $a_n=a+(n-1)d$ に与えられた条件を代入する。

等差数列の決定

例 4 第 3 項が 9，第 6 項が 3 の等差数列 $\{a_n\}$ の一般項を求めよ。

解答 初項を a，公差を d とする。$a_3=9$，$a_6=3$ であるから

$$\begin{cases} a+2d=9 & \cdots\cdots① \\ a+5d=3 & \cdots\cdots② \end{cases}$$

◀ $a_3=a+(3-1)d$

◀ $a_6=a+(6-1)d$

①，②より $\quad a=13,\ d=-2$ よって，一般項は $\quad \boldsymbol{a_n=13+(n-1)\times(-2)=-2n+15}$

5a 標準 次の等差数列 $\{a_n\}$ の一般項を求めよ。

(1) 初項が 7，第10項が25

(2) 第 8 項が25，第15項が53

(3) 第 3 項が 4，第 7 項が16

5b 標準 次の等差数列 $\{a_n\}$ の一般項を求めよ。

(1) 公差が -2，第 8 項が -21

(2) 第 2 項が -1，第 5 項が -13

(3) 第 3 項が10，第12項が19

3 等差数列の和

KEY 4
等差数列の和

等差数列の初項から第 n 項までの和 S_n は

初項 a，末項 ℓ のとき　　$S_n = \dfrac{1}{2}n(a+\ell)$

初項 a，公差 d のとき　　$S_n = \dfrac{1}{2}n\{2a+(n-1)d\}$

例 5 次の等差数列の和を求めよ。

(1) 初項 3，末項 27，項数 10

(2) 初項 12，公差 -2，項数 20

解答

(1) $S_{10} = \dfrac{1}{2} \times 10 \times (3+27) = \mathbf{150}$　　　　　　　　　　◀ $S_n = \dfrac{1}{2}n(a+\ell)$

(2) $S_{20} = \dfrac{1}{2} \times 20 \times \{2 \times 12 + (20-1) \times (-2)\} = \mathbf{-140}$　　　◀ $S_n = \dfrac{1}{2}n\{2a+(n-1)d\}$

6a 基本 次の等差数列の和を求めよ。

(1) 初項 31，末項 -15，項数 7

(2) 初項 -3，公差 2，項数 8

(3) 1，4，7，10，13，16，19

6b 基本 次の等差数列の和を求めよ。

(1) 初項 3，末項 81，項数 15

(2) 初項 1，公差 -5，項数 12

(3) 3，7，11，15，19，23，27，31，35

例 6 等差数列 7, 11, 15, 19, ……の初項から第 n 項までの和 S_n を求めよ。

| 解答 | 初項 7, 公差 4 の等差数列の初項から第 n 項までの和であるから |

$$S_n = \frac{1}{2}n\{2 \times 7 + (n-1) \times 4\} = \boldsymbol{n(2n+5)}$$

◀ $S_n = \frac{1}{2}n\{2a + (n-1)d\}$

7a 基本 次の等差数列の初項から第 n 項までの和 S_n を求めよ。

(1) 初項 5, 公差 -2

(2) 21, 24, 27, 30, ……

7b 基本 次の等差数列の初項から第 n 項までの和 S_n を求めよ。

(1) 初項 -10, 公差 6

(2) 50, 48, 46, 44, ……

例 7 等差数列 5, 2, -1, -4, ……, -28 の和 S を求めよ。

| 解答 | この等差数列の初項は 5, 公差は -3 である。 |

-28 を第 n 項とすると　　$5 + (n-1) \times (-3) = -28$　　　　よって　　$n = 12$

したがって　　$S = \frac{1}{2} \times 12 \times \{5 + (-28)\} = \boldsymbol{-138}$

◀ $S_n = \frac{1}{2}n(a + \ell)$

8a 標準 等差数列 -1, 1, 3, 5, ……, 37 の和 S を求めよ。

8b 標準 等差数列 9, 5, 1, -3, ……, -51 の和 S を求めよ。

KEY 5

自然数の和，奇数の和

1からnまでの自然数の和は

$$1+2+3+\cdots\cdots+n=\frac{1}{2}n(n+1)$$ ◀初項1，末項n，項数nの等差数列の和

1からはじまるn個の奇数の和は

$$1+3+5+\cdots\cdots+(2n-1)=n^2$$ ◀初項1，末項$2n-1$，項数nの等差数列の和

例 8 1から200までの自然数のうち，9の倍数の和Sを求めよ。

解答 $S=9+18+27+\cdots\cdots+198=9(1+2+3+\cdots\cdots+22)$

$=9\times\dfrac{1}{2}\times22\times(22+1)=\mathbf{2277}$

9a 次の和を求めよ。

(1) $1+2+3+\cdots\cdots+40$

(2) $1+3+5+\cdots\cdots+25$

9b 基本 次の和を求めよ。

(1) $1+2+3+\cdots\cdots+17$

(2) $1+3+5+\cdots\cdots+99$

10a 標準 偶数の和

$2+4+6+\cdots\cdots+100$

を求めよ。

10b 標準 1から100までの自然数のうち，3の倍数の和Sを求めよ。

考えてみよう 1 1から200までの自然数のうち，9の倍数でない数の和を求めてみよう。

4 等比数列

KEY 6
等比数列の一般項

初項 a，公比 r の等比数列 $\{a_n\}$ の一般項は
$$a_n = ar^{n-1}$$

例 9 次の等比数列 $\{a_n\}$ の一般項を求めよ。

(1) 初項 3，公比 5   (2) 2，-6，18，-54

解答 (1) $a_n = 3 \times 5^{n-1}$

(2) 初項が 2，公比が -3 であるから
$$a_n = 2 \times (-3)^{n-1}$$
◀公比が負の数のときは，公比に（ ）をつける。

11a 基本 次の等比数列 $\{a_n\}$ の一般項を求めよ。

(1) 初項 2，公比 -3

(2) 5，-10，20，-40，……

(3) 1，$\dfrac{1}{3}$，$\dfrac{1}{9}$，$\dfrac{1}{27}$，……

11b 基本 次の等比数列 $\{a_n\}$ の一般項を求めよ。

(1) 初項 -3，公比 $\dfrac{3}{2}$

(2) 54，18，6，2，……

(3) -2，4，-8，16，……

例 10 初項 4，公比 3 の等比数列 $\{a_n\}$ において，2916は第何項か。

解答 一般項は $a_n = 4 \times 3^{n-1}$

2916が第 n 項であるとすると $4 \times 3^{n-1} = 2916$ よって $3^{n-1} = 729$

$729 = 3^6$ であるから $n-1 = 6$ すなわち $n = 7$

したがって，2916は第 7 項である。

12a 標準 初項 2，公比 3 の等比数列において，162は第何項か。

12b 標準 初項 6，公比 -2 の等比数列において，-768 は第何項か。

KEY 7
等比数列の一般項 $a_n = ar^{n-1}$ を用いて，初項 a と公比 r についての連立方程式を作る。

等比数列の決定

例 11 第 3 項が12，第 5 項が48である等比数列 $\{a_n\}$ の一般項を求めよ。

解答 初項を a，公比を r とする。$a_3 = 12$，$a_5 = 48$ であるから

$$\begin{cases} ar^2 = 12 & \cdots\cdots① \\ ar^4 = 48 & \cdots\cdots② \end{cases}$$

②より $ar^2 \times r^2 = 48$ ①を代入して $12r^2 = 48$ $r^2 = 4$

よって $r = \pm 2$

①に代入して $r = 2$ のとき $a = 3$，$r = -2$ のとき $a = 3$

したがって，一般項は $a_n = 3 \times 2^{n-1}$ または $a_n = 3 \times (-2)^{n-1}$

13a 標準 第 2 項が15，第 4 項が375である等比数列 $\{a_n\}$ の一般項を求めよ。

13b 標準 第 3 項が36，第 5 項が 4 である等比数列 $\{a_n\}$ の一般項を求めよ。

考えてみよう 2 第 4 項が -24，第 7 項が192である等比数列 $\{a_n\}$ の一般項を求めてみよう。ただし，公比は実数とする。

5 等比数列の和

KEY 8	初項 a，公比 r の等比数列の初項から第 n 項までの和 S_n は
等比数列の和	$r \neq 1$ のとき $\quad S_n = \dfrac{a(1-r^n)}{1-r} = \dfrac{a(r^n-1)}{r-1}$ $r = 1$ のとき $\quad S_n = na$

例 12 次の等比数列の和を求めよ。

(1) 初項 3，公比 2 の初項から第 8 項まで　　(2) 初項 2，公比 -3 の初項から第 n 項まで

解答 (1) $\dfrac{3(2^8-1)}{2-1} = 3(256-1) = \mathbf{765}$　　(2) $\dfrac{2\{1-(-3)^n\}}{1-(-3)} = \dfrac{1}{2}\{1-(-3)^n\}$

14a 基本 次の等比数列の和を求めよ。

(1) 初項 8，公比 -3 の初項から第 6 項まで

(2) 初項 6，公比 2 の初項から第 n 項まで

(3) 5，-5，5，-5，……の初項から第 n 項まで

14b 基本 次の等比数列の和を求めよ。

(1) 初項64，公比 $\dfrac{1}{2}$ の初項から第 4 項まで

(2) 初項 3，公比 -1 の初項から第 n 項まで

(3) 8，12，18，27，……の初項から第 n 項まで

考えてみよう 3 等比数列 3，6，12，24，……の初項から第何項までの和が3069になるか考えてみよう。

例題 1　等差数列と等比数列の性質

8，a，b の順に等差数列，a，b，36の順に等比数列であるとき，a，b の値を求めよ。

【ガイド】 等差数列は，隣り合う項の差がつねに等しいから　$a-8=b-a$（＝公差）

等比数列は，隣り合う項の比がつねに等しいから　$\dfrac{b}{a}=\dfrac{36}{b}$（＝公比）

【解答】 8，a，b が等差数列であるから　　$a-8=b-a$

すなわち　　$2a=b+8$　　　　……①

a，b，36が等比数列であるから　　$\dfrac{b}{a}=\dfrac{36}{b}$

すなわち　　$b^2=36a$　　　　……②

①を②に代入すると　　$b^2=18(b+8)$　　　　　　　　　　　　　　◀ a を消去する。

整理すると　　$b^2-18b-144=0$　　　　$(b+6)(b-24)=0$

よって　　$b=-6$，24

①に代入して　　$b=-6$ のとき $a=1$，$b=24$ のとき $a=16$

したがって　　$\boldsymbol{a=1}$，$\boldsymbol{b=-6}$ または $\boldsymbol{a=16}$，$\boldsymbol{b=24}$

練習 1

1，a，b の順に等差数列，b^2，a，1 の順に等比数列であるとき，a，b の値を求めよ。ただし，$a \neq b$ とする。

等差数列の和の最大値

初項35，公差 -2 の等差数列 $\{a_n\}$ について，次の問いに答えよ。

(1) 第何項から負の数になるか。

(2) 初項から第 n 項までの和を S_n とするとき，S_n の最大値を求めよ。

【ガイド】 (1) $a_n < 0$ を満たす最小の自然数 n を求める。

(2) 正の数の項をすべて加えたとき，和は最大になる。

(1)で求めた項を第 k 項とすると，第 $k-1$ 項までが 正の数の項である。

$$a_1, \ a_2, \ \cdots\cdots, \ a_{k-1}, \ \bigg| \ a_k, \ a_{k+1}, \ \cdots\cdots$$
$$\text{正の数} \longleftarrow \ \bigg| \ \longrightarrow \text{負の数}$$

【解答】 (1) $a_n = 35 + (n-1) \times (-2) = -2n + 37$

$-2n + 37 < 0$ から $\qquad n > \dfrac{37}{2} = 18.5$

これを満たす最小の自然数 n は $\qquad n = 19$

よって，**第19項から負の数になる。**

(2) (1)より，第18項までの和 S_{18} が最大値となるから

$$S_{18} = \frac{1}{2} \times 18 \times \{2 \times 35 + (18-1) \times (-2)\} = \mathbf{324}$$

◀ $a_{18} = -2 \times 18 + 37 = 1$ より
$S_{18} = \dfrac{1}{2} \times 18 \times (35+1) = 324$
としてもよい。

【別解】 (2) $S_n = \dfrac{1}{2} n \{2 \times 35 + (n-1) \times (-2)\} = -n^2 + 36n = -(n-18)^2 + 324$

よって，$n = 18$ のとき S_n は最大値324をとる。

【練習 2】 初項40，公差 -3 の等差数列 $\{a_n\}$ について，次の問いに答えよ。

(1) 第何項から負の数になるか。

(2) 初項から第 n 項までの和を S_n とするとき，S_n の最大値を求めよ。

例題 3　等比数列の和から一般項を求める

　　初項から第 3 項までの和が26，第 2 項から第 4 項までの和が78である等比数列 $\{a_n\}$ の一般項を求めよ。

【ガイド】 初項を a，公比を r とすると，初項から第 3 項までの和は $a+ar+ar^2$，第 2 項から第 4 項までの和は $ar+ar^2+ar^3$ と表される。$ar+ar^2+ar^3=r(a+ar+ar^2)$ を利用して a を消去する。

解答　初項を a，公比を r とする。

　　初項から第 3 項までの和が26であるから　　　$a+ar+ar^2=26$　　　　　　　　　　……①

　　第 2 項から第 4 項までの和が78であるから　　$ar+ar^2+ar^3=78$

　　すなわち　　　　　　　　　　　　　　　　　$r(a+ar+ar^2)=78$　　　　　　　　……②

　　①を②に代入すると　　　$26r=78$　　　　　　よって　　　$r=3$

　　これを①に代入すると　　　$a+3a+9a=26$　　　　　　よって　　　$a=2$

　　したがって，一般項は　　　$a_n=2\times3^{n-1}$

練習 3　初項から第 3 項までの和が -21，第 2 項から第 4 項までの和が63である等比数列 $\{a_n\}$ の一般項を求めよ。

1 自然数の2乗の和

KEY 9	$1^2+2^2+3^2+\cdots\cdots+n^2=\dfrac{1}{6}n(n+1)(2n+1)$

自然数の2乗の和

例 13 次の和を求めよ。

$$11^2+12^2+13^2+\cdots\cdots+20^2$$

解答 　$11^2+12^2+13^2+\cdots\cdots+20^2=(1^2+2^2+3^2+\cdots\cdots+20^2)-(1^2+2^2+3^2+\cdots\cdots+10^2)$

$$=\frac{1}{6}\times20\times21\times41-\frac{1}{6}\times10\times11\times21=2870-385=\textbf{2485}$$

15a 基本 次の和を求めよ。

(1)　$1^2+2^2+3^2+\cdots\cdots+6^2$

(2)　$1^2+2^2+3^2+\cdots\cdots+13^2$

15b 基本 次の和を求めよ。

(1)　$1^2+2^2+3^2+\cdots\cdots+9^2$

(2)　$1^2+2^2+3^2+\cdots\cdots+24^2$

16a 標準 次の和を求めよ。

$$6^2+7^2+8^2+\cdots\cdots+15^2$$

16b 標準 次の和を求めよ。

$$10^2+11^2+12^2+\cdots\cdots+30^2$$

2 和の記号 Σ

和の記号 Σ

$$\sum_{k=1}^{n} a_k = a_1 + a_2 + a_3 + \cdots\cdots + a_n$$

第 k 項 a_k に，$k=1$ を代入した値から $k=n$ を代入した値までの和

例 14

(1) $\displaystyle\sum_{k=1}^{5}(3k+2)$ を，Σ を用いずに，各項を書き並べて表せ。

(2) $3+6+9+\cdots\cdots+3n$ を，Σ を用いて表せ。

解答

(1) $\displaystyle\sum_{k=1}^{5}(3k+2)=(3\cdot1+2)+(3\cdot2+2)+(3\cdot3+2)+(3\cdot4+2)+(3\cdot5+2)$
　　　　　　　　$=5+8+11+14+17$

(2) 第 k 項が $3k$ で表される数列の初項から第 n 項までの和であるから

$$3+6+9+\cdots\cdots+3n=\sum_{k=1}^{n}3k$$

17a 基本 次の和を，Σ を用いずに，各項を書き並べて表せ。

(1) $\displaystyle\sum_{k=1}^{5}(20-3k)$

(2) $\displaystyle\sum_{k=1}^{n}(k+1)(k+3)$

17b 基本 次の和を，Σ を用いずに，各項を書き並べて表せ。

(1) $\displaystyle\sum_{k=1}^{6}\left(\frac{1}{2}\right)^{k}$

(2) $\displaystyle\sum_{k=1}^{n}\frac{k}{k+1}$

18a 基本 次の和を，Σ を用いて表せ。

(1) $2+2^2+2^3+\cdots\cdots+2^n$

(2) $1+5+9+\cdots\cdots+(4n-3)$

18b 基本 次の和を，Σ を用いて表せ。

(1) $3^2+4^2+5^2+\cdots\cdots+(n+2)^2$

(2) $2\cdot3+3\cdot4+4\cdot5+\cdots\cdots+(n+1)(n+2)$

考えてみよう 4 □ に適する数や式を入れてみよう。

$$3+5+7+9+11=\sum_{k=1}^{\boxed{}}\boxed{}=\sum_{i=2}^{\boxed{}}\boxed{}$$

① 自然数の和，自然数の2乗の和

$$\sum_{k=1}^{n} k = \frac{1}{2}n(n+1), \qquad \sum_{k=1}^{n} k^2 = \frac{1}{6}n(n+1)(2n+1)$$

② $\displaystyle\sum_{k=1}^{n} ar^{k-1}$ は初項 a，公比 r の等比数列の初項から第 n 項までの和を表す。

例 15 次の和を求めよ。

(1) $\displaystyle\sum_{k=1}^{15} k$ 　　　　(2) $\displaystyle\sum_{k=1}^{6} k^2$ 　　　　(3) $\displaystyle\sum_{k=1}^{n} 3 \cdot 7^{k-1}$

解答 (1) $\displaystyle\sum_{k=1}^{15} k = \frac{1}{2} \times 15 \times (15+1) = \mathbf{120}$

(2) $\displaystyle\sum_{k=1}^{6} k^2 = \frac{1}{6} \times 6 \times (6+1) \times (2 \cdot 6+1) = \mathbf{91}$

(3) 初項 3，公比 7，項数 n の等比数列の和であるから 　◀等比数列の和

$$\sum_{k=1}^{n} 3 \cdot 7^{k-1} = \frac{3(7^n-1)}{7-1} = \frac{1}{2}(7^n-1)$$

　　$r \neq 1$ のとき　$S_n = \dfrac{a(1-r^n)}{1-r} = \dfrac{a(r^n-1)}{r-1}$

19a 基本 次の和を求めよ。

(1) $\displaystyle\sum_{k=1}^{40} k$

(2) $\displaystyle\sum_{k=1}^{n+1} k^2$

19b 基本 次の和を求めよ。

(1) $\displaystyle\sum_{k=1}^{20} k^2$

(2) $\displaystyle\sum_{k=1}^{2n} k$

20a 基本 次の和を求めよ。

(1) $\displaystyle\sum_{k=1}^{n} 3 \cdot 2^{k-1}$

(2) $\displaystyle\sum_{k=1}^{n} 3^k$

20b 基本 次の和を求めよ。

(1) $\displaystyle\sum_{k=1}^{n} 5 \cdot 6^{k-1}$

(2) $\displaystyle\sum_{k=1}^{n-1} 2 \cdot 5^{k-1}$

3 Σの性質

KEY 12
Σの性質

$$\sum_{k=1}^{n}(a_k+b_k)=\sum_{k=1}^{n}a_k+\sum_{k=1}^{n}b_k$$

$$\sum_{k=1}^{n}ca_k=c\sum_{k=1}^{n}a_k \qquad \sum_{k=1}^{n}c=nc \qquad ただし, c は定数$$

例 16 和 $\displaystyle\sum_{k=1}^{n}(3k-1)$ を求めよ。

解答 $\displaystyle\sum_{k=1}^{n}(3k-1)=3\sum_{k=1}^{n}k-\sum_{k=1}^{n}1=3\times\frac{1}{2}n(n+1)-n=\frac{1}{2}n\{3(n+1)-2\}$ ◀ $\frac{1}{2}n$ をくくり出す。

$$=\frac{1}{2}n(3n+1)$$

21a 基本 次の和を求めよ。

(1) $\displaystyle\sum_{k=1}^{10}(3k+4)$

(2) $\displaystyle\sum_{k=1}^{n}(6k-1)$

(3) $\displaystyle\sum_{k=1}^{n-1}4k$

21b 基本 次の和を求めよ。

(1) $\displaystyle\sum_{k=1}^{8}(2k-5)$

(2) $\displaystyle\sum_{k=1}^{n}(3k+6)$

(3) $\displaystyle\sum_{k=1}^{n-1}(5k-7)$

例 **17** 和 $\sum\limits_{k=1}^{n}(3k+1)^2$ を求めよ。

解答　$\displaystyle\sum_{k=1}^{n}(3k+1)^2=\sum_{k=1}^{n}(9k^2+6k+1)=9\sum_{k=1}^{n}k^2+6\sum_{k=1}^{n}k+\sum_{k=1}^{n}1$

$\displaystyle\qquad\quad =9\cdot\frac{1}{6}n(n+1)(2n+1)+6\cdot\frac{1}{2}n(n+1)+n$

$\displaystyle\qquad\quad =\frac{1}{2}n\{3(n+1)(2n+1)+6(n+1)+2\}$　　　　◀ $\dfrac{1}{2}n$ をくくり出す。

$\displaystyle\qquad\quad =\frac{1}{2}\boldsymbol{n(6n^2+15n+11)}$

22a 基本 次の和を求めよ。

(1) $\displaystyle\sum_{k=1}^{n}(k^2-k+1)$

(2) $\displaystyle\sum_{k=1}^{n}(2k-1)(k+3)$

22b 基本 次の和を求めよ。

(1) $\displaystyle\sum_{k=1}^{n}(k^2-3k+2)$

(2) $\displaystyle\sum_{k=1}^{n}(k-3)^2$

KEY 13　第 k 項を k の式で表し，求める和を Σ を用いて表す。

数列の和

例 18 次の数列の和 S_n を求めよ。

$$1 \cdot 1, \quad 2 \cdot 3, \quad 3 \cdot 5, \quad \cdots\cdots, \quad n(2n-1)$$

解答 この数列の第 k 項は $k(2k-1)$ で表されるから

$$S_n = 1 \cdot 1 + 2 \cdot 3 + 3 \cdot 5 + \cdots\cdots + n(2n-1)$$

$$= \sum_{k=1}^{n} k(2k-1) = \sum_{k=1}^{n}(2k^2-k) = 2\sum_{k=1}^{n}k^2 - \sum_{k=1}^{n}k = 2 \cdot \frac{1}{6}n(n+1)(2n+1) - \frac{1}{2}n(n+1)$$

$$= \frac{1}{6}n(n+1)\{2(2n+1)-3\} = \frac{1}{6}\boldsymbol{n(n+1)(4n-1)}$$

23a 標準 次の数列の和 S_n を求めよ。

$$2 \cdot 3, \quad 3 \cdot 4, \quad 4 \cdot 5, \quad \cdots\cdots, \quad (n+1)(n+2)$$

23b 標準 次の数列の和 S_n を求めよ。

$$1 \cdot 2, \quad 3 \cdot 4, \quad 5 \cdot 6, \quad \cdots\cdots, \quad (2n-1) \cdot 2n$$

考えてみよう 5 次の数列の和 S_n を求めてみよう。

$$1, \quad 1+3, \quad 1+3+5, \quad \cdots\cdots, \quad 1+3+5+7+\cdots\cdots+(2n-1)$$

4 階差数列

KEY 14
階差数列

数列$\{a_n\}$に対して，隣り合う2項の差
$$b_n = a_{n+1} - a_n \quad (n=1,\ 2,\ 3,\ \cdots\cdots)$$
を項とする数列$\{b_n\}$を，数列$\{a_n\}$の階差数列という。

$$a_1 \ \ a_2 \ \ a_3 \ \ a_4 \cdots\cdots a_{n-1} \ a_n \cdots\cdots$$
$$b_1 \ \ b_2 \ \ b_3 \ \ \cdots\cdots \ b_{n-1} \cdots\cdots$$

例 19 次の数列$\{a_n\}$について，階差数列の一般項b_nを求めよ。
$$1,\ 3,\ 8,\ 16,\ 27,\ \cdots\cdots$$

解答 階差数列$\{b_n\}$は　　$2,\ 5,\ 8,\ 11,\ \cdots\cdots$
これは，初項2，公差3の等差数列であるから，一般項は　　$b_n = 2 + (n-1) \times 3 = 3n - 1$

24a 基本 次の数列$\{a_n\}$について，階差数列の一般項b_nを求めよ。

(1) $3,\ 1,\ 1,\ 3,\ 7,\ \cdots\cdots$

(2) $2,\ 5,\ 11,\ 23,\ 47,\ \cdots\cdots$

24b 基本 次の数列$\{a_n\}$について，階差数列の一般項b_nを求めよ。

(1) $4,\ 5,\ 7,\ 11,\ 19,\ \cdots\cdots$

(2) $10,\ 2,\ -4,\ -8,\ -10,\ \cdots\cdots$

検印

KEY 15
階差数列と一般項

数列$\{a_n\}$の階差数列を$\{b_n\}$とすると
$$n \geqq 2 \text{ のとき} \quad a_n = a_1 + \sum_{k=1}^{n-1} b_k$$

例 20 数列$5,\ 8,\ 13,\ 20,\ 29,\ \cdots\cdots$を$\{a_n\}$とする。$\{a_n\}$の一般項を求めよ。

解答 数列$\{a_n\}$の階差数列は　　$3,\ 5,\ 7,\ 9,\ \cdots\cdots$
その一般項をb_nとすると　　$b_n = 3 + (n-1) \times 2 = 2n + 1$　　◀初項3，公差2の等差数列
よって，$n \geqq 2$のとき
$$a_n = a_1 + \sum_{k=1}^{n-1}(2k+1) = 5 + 2 \cdot \frac{1}{2}(n-1)n + (n-1) = n^2 + 4$$
$a_n = n^2 + 4$に$n=1$を代入すると，$a_1 = 5$が得られるから，この式は$n=1$のときも成り立つ。
したがって，一般項は　　$a_n = n^2 + 4$

25a 標準 次の数列$\{a_n\}$の一般項を求めよ。

(1) 1, 4, 8, 13, 19, ……

(2) 5, 6, 8, 12, 20, ……

25b 標準 次の数列$\{a_n\}$の一般項を求めよ。

(1) 4, 7, 13, 22, 34, ……

(2) 6, 9, 3, 15, −9, ……

5 数列の和と一般項

KEY 16
数列の和と一般項

数列 $\{a_n\}$ の初項から第 n 項までの和を S_n とすると
$$a_1 = S_1 \qquad\qquad n \geq 2 \text{ のとき} \quad a_n = S_n - S_{n-1}$$

例 21 初項から第 n 項までの和 S_n が，$S_n = 2n^2 - 5n$ で表される数列 $\{a_n\}$ の一般項を求めよ。

解答 初項は $\quad a_1 = S_1 = 2 \cdot 1^2 - 5 \cdot 1 = -3$

$n \geq 2$ のとき $\quad a_n = S_n - S_{n-1} = 2n^2 - 5n - \{2(n-1)^2 - 5(n-1)\} = 4n - 7$

$a_n = 4n - 7$ に $n = 1$ を代入すると，$a_1 = -3$ が得られるから，この式は $n = 1$ のときも成り立つ。

したがって，一般項は $\quad \boldsymbol{a_n = 4n - 7}$

26a 標準 初項から第 n 項までの和 S_n が，次の式で表される数列 $\{a_n\}$ の一般項を求めよ。

(1) $S_n = n^2 - 4n$

(2) $S_n = 2n^3$

26b 標準 初項から第 n 項までの和 S_n が，次の式で表される数列 $\{a_n\}$ の一般項を求めよ。

(1) $S_n = 3n^2 + 5n$

(2) $S_n = 5^n - 1$

考えてみよう 6 初項から第 n 項までの和 S_n が，$S_n = n^2 + 1$ で表される数列 $\{a_n\}$ の一般項を求めてみよう。

検印

例題 4 分数の形で表される数列の和

次の数列の和を求めよ。

$$\frac{1}{5\cdot6},\ \frac{1}{6\cdot7},\ \frac{1}{7\cdot8},\ \cdots\cdots,\ \frac{1}{(n+4)(n+5)}$$

【ガイド】 分数の形で表される数列は，各項を 2 つの分数の差の形に変形することにより，その和を求めることができる場合がある。

$\dfrac{1}{(k+4)(k+5)}=\dfrac{1}{k+4}-\dfrac{1}{k+5}$ と変形すると，互いに消し合う分数があることに着目する。

解答 $\dfrac{1}{(k+4)(k+5)}=\dfrac{1}{k+4}-\dfrac{1}{k+5}$ と変形できるから，求める和は

$$\frac{1}{5\cdot6}+\frac{1}{6\cdot7}+\frac{1}{7\cdot8}+\cdots\cdots+\frac{1}{(n+4)(n+5)}$$

$$=\left(\frac{1}{5}-\frac{1}{6}\right)+\left(\frac{1}{6}-\frac{1}{7}\right)+\left(\frac{1}{7}-\frac{1}{8}\right)+\cdots\cdots+\left(\frac{1}{n+4}-\frac{1}{n+5}\right)$$

$$=\frac{1}{5}-\frac{1}{n+5}=\boldsymbol{\frac{n}{5(n+5)}}$$

練習 4 $\dfrac{1}{(k+6)(k+7)}=\dfrac{1}{k+6}-\dfrac{1}{k+7}$ を利用して，次の数列の和を求めよ。

$$\frac{1}{7\cdot8},\ \frac{1}{8\cdot9},\ \frac{1}{9\cdot10},\ \cdots\cdots,\ \frac{1}{(n+6)(n+7)}$$

（等差数列）×（等比数列）の形の数列の和

次の和 S_n を求めよ。
$$S_n = 1 \cdot 3 + 2 \cdot 3^2 + 3 \cdot 3^3 + \cdots\cdots + n \cdot 3^n$$

【ガイド】 $S_n - 3S_n$ を，等比数列の和の公式を利用して計算する。

解 答 $S_n = 1 \cdot 3 + 2 \cdot 3^2 + 3 \cdot 3^3 + \cdots\cdots + n \cdot 3^n$ の両辺を3倍して，$S_n - 3S_n$ を計算すると

$$
\begin{array}{rl}
& S_n = 1 \cdot 3 + 2 \cdot 3^2 + 3 \cdot 3^3 + \cdots\cdots + n \cdot 3^n \\
-) & 3S_n = 1 \cdot 3^2 + 2 \cdot 3^3 + \cdots\cdots + (n-1) \cdot 3^n + n \cdot 3^{n+1} \\
\hline
& -2S_n = 3 + 3^2 + 3^3 + 3^n - n \cdot 3^{n+1}
\end{array}
$$

よって $\quad -2S_n = \dfrac{3(3^n - 1)}{3 - 1} - n \cdot 3^{n+1} = \dfrac{3(3^n - 1) - 2n \cdot 3^{n+1}}{2}$

したがって $\quad S_n = \dfrac{(2n-1) \cdot 3^{n+1} + 3}{4}$

練習 5 次の和 S_n を求めよ。
$$S_n = 3 \cdot 1 + 4 \cdot 2 + 5 \cdot 2^2 + \cdots\cdots + (n+2) \cdot 2^{n-1}$$

例題 6　群数列

奇数の列を，次のような群に分ける。

$$1,|\ 3,\ 5,\ 7,|\ 9,\ 11,\ 13,\ 15,\ 17,|\ 19,\ 21,\ 23,\ 25,\ 27,\ 29,\ 31,|\ 33,\ \cdots\cdots$$

(1) 第 n 群の最初の奇数を求めよ。

(2) 第10群に含まれるすべての奇数の和 S を求めよ。

【ガイド】 (1) 第 1 群から第 $(n-1)$ 群までの項の総数を求める。

(2) まず，(1)を利用して，第10群の最初の項を求める。

解答 (1) 第 n 群に含まれる項数は $2n-1$ であるから，$n \geqq 2$ のとき，第 1 群から第 $(n-1)$ 群までの項の

総数は　$(n-1)^2$　　　　　　　　　　　◀ 1 からはじまる n 個の奇数の和は　n^2

よって，第 n 群の最初の項は，もとの奇数の列の $\{(n-1)^2+1\}$ 番目である。

これは $n=1$ のときも成り立つ。

したがって，求める奇数は　$2\{(n-1)^2+1\}-1=\boldsymbol{2n^2-4n+3}$　　◀ k 番目の奇数は　$2k-1$

(2) (1)の結果から第10群の最初の項は　$2\cdot10^2-4\cdot10+3=163$

よって，第10群は，初項163，公差 2，項数19の等差数列である　　◀第10群の項数は　$2\cdot10-1=19$

から　　$S=\dfrac{1}{2}\times19\times\{2\times163+(19-1)\times2\}=\boldsymbol{3439}$

練習 6

自然数の列を，次のような群に分ける。

$$1,\ 2,|\ 3,\ 4,\ 5,\ 6,|\ 7,\ 8,\ 9,\ 10,\ 11,\ 12,|\ \ \cdots\cdots$$

(1) 第 n 群の最初の自然数を求めよ。

(2) 第20群に含まれるすべての自然数の和 S を求めよ。

例題 **7**　自然数の 3 乗の和

次の和を求めよ。

$$\sum_{k=1}^{n}(2k^3-3k^2)$$

【ガイド】 自然数の 3 乗の和の公式 $\sum_{k=1}^{n}k^3=\left\{\dfrac{1}{2}n(n+1)\right\}^2=\dfrac{1}{4}n^2(n+1)^2$ を利用する。

解 答 $\displaystyle\sum_{k=1}^{n}(2k^3-3k^2)=2\sum_{k=1}^{n}k^3-3\sum_{k=1}^{n}k^2=2\cdot\dfrac{1}{4}n^2(n+1)^2-3\cdot\dfrac{1}{6}n(n+1)(2n+1)$

$$=\dfrac{1}{2}n(n+1)\{n(n+1)-(2n+1)\}=\dfrac{1}{2}n(n+1)(n^2-n-1)$$

練習 7　次の和を求めよ。

(1) $\displaystyle\sum_{k=1}^{n}(4k^3-2k)$

(2) $\displaystyle\sum_{k=1}^{n}k(k+1)(k+2)$

3 節 漸化式と数学的帰納法

1 漸化式

KEY 17
漸化式で与えられる数列

漸化式に，$n=1, 2, 3, \cdots\cdots$ を順に代入して計算すれば，$a_2, a_3, a_4, \cdots\cdots$ が得られる。

例 22 $a_1=3$，$a_{n+1}=a_n+n^2$ で定められる数列 $\{a_n\}$ の第 2 項から第 5 項までを求めよ。

解答 漸化式に，$n=1, 2, 3, 4$ を順に代入して計算すると

$$a_2=a_1+1^2=3+1=\boldsymbol{4} \qquad a_3=a_2+2^2=4+4=\boldsymbol{8}$$
$$a_4=a_3+3^2=8+9=\boldsymbol{17} \qquad a_5=a_4+4^2=17+16=\boldsymbol{33}$$

27a 基本 次の初項，漸化式で定められる数列 $\{a_n\}$ の第 2 項から第 5 項までを求めよ。

$$a_1=2, \quad a_{n+1}=a_n+3n$$

27b 基本 次の初項，漸化式で定められる数列 $\{a_n\}$ の第 2 項から第 5 項までを求めよ。

$$a_1=1, \quad a_{n+1}=a_n+2^n$$

検
印

KEY 18
漸化式と
等差数列・等比数列

漸化式を用いると，等差数列と等比数列は，次のように表される。
初項 a，公差 d の等差数列 $\{a_n\}$ は　　$a_1=a$，$a_{n+1}=a_n+d$
初項 a，公比 r の等比数列 $\{a_n\}$ は　　$a_1=a$，$a_{n+1}=ra_n$

例 23 次の初項，漸化式で定められる数列 $\{a_n\}$ の一般項を求めよ。

(1) $a_1=-1$，$a_{n+1}=a_n-2$ 　　　(2) $a_1=3$，$a_{n+1}=5a_n$

解答 (1) 数列 $\{a_n\}$ は，初項 -1，公差 -2 の等差数列であるから　　$a_n=-1+(n-1)\times(-2)=\boldsymbol{-2n+1}$

(2) 数列 $\{a_n\}$ は，初項 3，公比 5 の等比数列であるから　　$a_n=\boldsymbol{3\cdot5^{n-1}}$

28a 基本 次の初項，漸化式で定められる数列 $\{a_n\}$ の一般項を求めよ。

(1) $a_1=2$，$a_{n+1}=a_n-3$

(2) $a_1=-2$，$a_{n+1}=5a_n$

28b 基本 次の初項，漸化式で定められる数列 $\{a_n\}$ の一般項を求めよ。

(1) $a_1=-7$，$a_{n+1}-a_n=4$

(2) $a_1=4$，$a_{n+1}=\dfrac{1}{3}a_n$

検
印

$a_{n+1}=a_n+(n \text{ の式})$
の形の漸化式

例 24 次の初項，漸化式で定められる数列 $\{a_n\}$ の一般項を求めよ。

$$a_1=3, \quad a_{n+1}=a_n+2n-1$$

解答 漸化式を変形すると $a_{n+1}-a_n=2n-1$

ここで，数列 $\{a_n\}$ の階差数列を $\{b_n\}$ とすると，$b_n=a_{n+1}-a_n$ であるから $b_n=2n-1$

よって，$n \geqq 2$ のとき

$$a_n=a_1+\sum_{k=1}^{n-1}(2k-1)=3+2 \cdot \frac{1}{2}(n-1)n-(n-1)=n^2-2n+4$$

$a_n=n^2-2n+4$ に $n=1$ を代入すると，$a_1=3$ が得られるから，この式は $n=1$ のときも成り立つ。

したがって，一般項は $\boldsymbol{a_n=n^2-2n+4}$

29a 標準 次の初項，漸化式で定められる数列 $\{a_n\}$ の一般項を求めよ。

$$a_1=5, \quad a_{n+1}=a_n+6n$$

29b 標準 次の初項，漸化式で定められる数列 $\{a_n\}$ の一般項を求めよ。

$$a_1=1, \quad a_{n+1}=a_n+3^{n-1}$$

検
印

$a_{n+1}=pa_n+q$ **の形**
の漸化式

例 25 $a_1=3$，$a_{n+1}=3a_n+8$ で定められる数列 $\{a_n\}$ の一般項を求めよ。

解答 漸化式 $a_{n+1}=3a_n+8$ を変形すると $a_{n+1}+4=3(a_n+4)$

これより，数列 $\{a_n+4\}$ は，

初項 $a_1+4=3+4=7$，公比 3 の等比数列

であるから，数列 $\{a_n+4\}$ の一般項は $a_n+4=7 \cdot 3^{n-1}$

したがって，求める一般項は $\boldsymbol{a_n=7 \cdot 3^{n-1}-4}$

◀ $\alpha=3\alpha+8$ の解 $\alpha=-4$ を
用いて変形すると
$a_{n+1}-(-4)=3\{a_n-(-4)\}$

30a 基本 次の漸化式を $a_{n+1}-\alpha=p(a_n-\alpha)$ の形に変形せよ。

(1) $a_{n+1}=3a_n-4$

(2) $a_{n+1}=-2a_n-3$

30b 基本 次の漸化式を $a_{n+1}-\alpha=p(a_n-\alpha)$ の形に変形せよ。

(1) $a_{n+1}=\dfrac{1}{2}a_n+1$

(2) $a_{n+1}=-5a_n+3$

31a 標準 次の初項，漸化式で定められる数列 $\{a_n\}$ の一般項を求めよ。

(1) $a_1=8,\ a_{n+1}=2a_n-5$

(2) $a_1=5,\ a_{n+1}=\dfrac{1}{2}a_n-2$

31b 標準 次の初項，漸化式で定められる数列 $\{a_n\}$ の一般項を求めよ。

(1) $a_1=2,\ a_{n+1}=2a_n+1$

(2) $a_1=-1,\ 3a_{n+1}=2a_n-3$

2 数学的帰納法

自然数 n についての命題 P がすべての自然数 n について成り立つことを証明するには，次の[1]，[2]を示せばよい。

[1] $n=1$ のとき，P が成り立つ。
[2] $n=k$ のとき P が成り立つと仮定すると，$n=k+1$ のときも P が成り立つ。

[1] 1番目が倒れる

[2] 前が倒れると次も倒れる

[1]，[2]から，すべて倒れる

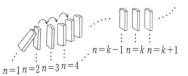

例 26 すべての自然数 n について，次の等式が成り立つことを数学的帰納法によって証明せよ。

$$1\cdot3+2\cdot4+3\cdot5+\cdots\cdots+n(n+2)=\frac{1}{6}n(n+1)(2n+7) \qquad \cdots\cdots①$$

証明 [1] $n=1$ のとき （左辺）$=1\cdot3=3$，（右辺）$=\dfrac{1}{6}\cdot1\cdot2\cdot9=3$

よって，①は成り立つ。

[2] $n=k$ のとき①が成り立つと仮定すると

$$1\cdot3+2\cdot4+3\cdot5+\cdots\cdots+k(k+2)=\frac{1}{6}k(k+1)(2k+7) \qquad \cdots\cdots②$$

$n=k+1$ のとき，①の左辺を②を用いて変形すると

$\begin{aligned}
（左辺）&=\underline{1\cdot3+2\cdot4+3\cdot5+\cdots\cdots+k(k+2)}+(k+1)\{(k+1)+2\}\\
&=\underline{\frac{1}{6}k(k+1)(2k+7)}+(k+1)(k+3)\\
&=\frac{1}{6}(k+1)\{k(2k+7)+6(k+3)\}\\
&=\frac{1}{6}(k+1)(2k^2+13k+18)\\
&=\frac{1}{6}(k+1)(k+2)(2k+9)\\
&=\frac{1}{6}(k+1)\{(k+1)+1\}\{2(k+1)+7\}\\
&=（右辺）
\end{aligned}$

◀$n=k$ のときに成り立つと仮定した式を利用して，$n=k+1$ のときの式を導き出す。

よって，$n=k+1$ のときも①が成り立つ。

[1]，[2]から，すべての自然数 n について①が成り立つ。

32a 標準 すべての自然数 n について，次の等式が成り立つことを数学的帰納法によって証明せよ。

$$1^3+2^3+3^3+\cdots\cdots+n^3=\frac{1}{4}n^2(n+1)^2 \qquad \cdots\cdots ①$$

32b 標準 すべての自然数 n について，次の等式が成り立つことを数学的帰納法によって証明せよ。

$$1+3+3^2+\cdots\cdots+3^{n-1}=\frac{1}{2}(3^n-1) \qquad \cdots\cdots ①$$

例 27 n が自然数のとき，$7^n - 1$ は 6 の倍数であることを数学的帰納法によって証明せよ。

証明▶ 命題「$7^n - 1$ は 6 の倍数である」を①とする。

[1] $n = 1$ のとき $7^n - 1 = 7^1 - 1 = 6$

よって，①は成り立つ。

[2] $n = k$ のとき①が成り立つと仮定すると，整数 m を用いて，次のようにおける。

$$7^k - 1 = 6m \qquad \cdots\cdots ②$$

$n = k + 1$ のとき，②を用いて

$$7^{k+1} - 1 = 7 \cdot 7^k - 1 = 7(6m + 1) - 1 \qquad \blacktriangleleft 7^k - 1 = 6m \text{ より} \qquad 7^k = 6m + 1$$
$$= 42m + 6 = 6(7m + 1)$$

ここで，$7m + 1$ は整数であるから，$7^{k+1} - 1$ は 6 の倍数となり，$n = k + 1$ のときも①が成り立つ。

[1]，[2]から，すべての自然数 n について①が成り立つ。

33a 標準 n が自然数のとき，$5^n - 1$ は 4 の倍数であることを数学的帰納法によって証明せよ。

33b 標準 n が自然数のとき，$4n^3 - n$ は 3 の倍数であることを数学的帰納法によって証明せよ。

例題 8　数学的帰納法による不等式の証明

2以上のすべての自然数 n について，次の不等式が成り立つことを数学的帰納法によって証明せよ。

$$3^n > 2^n + 1 \qquad \cdots\cdots ①$$

【ガイド】 $n \geqq 2$ であるから，まず $n=2$ のときに成り立つことを示す。

次に，$n=k$ $(k \geqq 2)$ のとき，①が成り立つと仮定して，$n=k+1$ のとき，(左辺)−(右辺)>0 を示す。

証明　[1]　$n=2$ のとき　(左辺)$=3^2=9$, (右辺)$=2^2+1=5$

よって，$n=2$ のとき，①は成り立つ。　　◀$9>5$

[2]　$k \geqq 2$ として，$n=k$ のとき①が成り立つと仮定すると

$$3^k > 2^k + 1 \qquad \cdots\cdots ②$$

$n=k+1$ のとき，①の (左辺)−(右辺) を②を用いて変形すると

$$3^{k+1} - (2^{k+1}+1) = 3 \cdot 3^k - (2^{k+1}+1)$$
$$> 3(2^k+1) - (2^{k+1}+1)$$
$$= 3 \cdot 2^k + 3 - 2 \cdot 2^k - 1 = 2^k + 2 > 0$$

よって　　$3^{k+1} > 2^{k+1} + 1$

したがって，$n=k+1$ のときも①が成り立つ。

[1]，[2]から，2以上のすべての自然数 n について①が成り立つ。

練習 8　2以上のすべての自然数 n について，次の不等式が成り立つことを数学的帰納法によって証明せよ。

$$5^n > 5n + 3 \qquad \cdots\cdots ①$$

1 確率変数と確率分布

KEY 22
確率変数と確率分布

試行の結果によってその値をとる確率が定まる変数 X を確率変数といい，確率変数 X がとる値 x_1, x_2, x_3 …, x_n と，X がそれらの値をとる確率 p_1, p_2, p_3, …, p_n との対応関係を X の確率分布という。

X	x_1	x_2	x_3	$\cdots$	x_n	計
P	p_1	p_2	p_3	$\cdots$	p_n	1

例 28 2枚の硬貨を同時に投げるとき，裏の出る枚数 X の確率分布を求めよ。

解答 2枚の硬貨を同時に投げる試行において，表裏の出方は次の4通りである。

  （表，表），（表，裏），（裏，表），（裏，裏）

X の値は，0，1，2のいずれかであり，X の確率分布は右のようになる。

X	0	1	2	計
P	$\frac{1}{4}$	$\frac{2}{4}$	$\frac{1}{4}$	1

34a 基本 次の確率変数 X の確率分布を求めよ。

(1) 3枚の硬貨を同時に投げるとき，裏の出る枚数 X

(2) 1個のさいころを1回投げるとき，さいころの出る目 X

34b 基本 次の確率変数 X の確率分布を求めよ。

(1) 2枚の10円硬貨を同時に投げるとき，表の出た硬貨の合計金額 X

(2) 3本の当たりくじを含む10本のくじがある。この中から同時に2本を引くとき，引いた当たりくじの本数 X

KEY 23
確率変数と確率分布

確率変数が 1 つの値 a をとる確率を $P(X=a)$，X が a 以上 b 以下の値をとる確率を $P(a \leqq X \leqq b)$ で表す。

例 29 大，小 2 個のさいころを同時に投げるとき，目の和を X とする。確率 $P(3 \leqq X \leqq 7)$ を求めよ。

解答 2 個のさいころの目の出方は，積の法則により

$$6 \times 6 = 36 \text{（通り）}$$

あり，これらは同様に確からしい。

X は 2 から12までの整数の値をとり，その確率分布は次のようになる。

X	2	3	4	5	6	7	8	9	10	11	12	計
P	$\frac{1}{36}$	$\frac{2}{36}$	$\frac{3}{36}$	$\frac{4}{36}$	$\frac{5}{36}$	$\frac{6}{36}$	$\frac{5}{36}$	$\frac{4}{36}$	$\frac{3}{36}$	$\frac{2}{36}$	$\frac{1}{36}$	1

よって $P(3 \leqq X \leqq 7) = \dfrac{2}{36} + \dfrac{3}{36} + \dfrac{4}{36} + \dfrac{5}{36} + \dfrac{6}{36} = \dfrac{20}{36} = \dfrac{5}{9}$

35a 基本
1 個のさいころを 1 回投げるとき，さいころの出る目を X とする。次の確率を求めよ。

(1) $P(X=4)$

(2) $P(2 \leqq X \leqq 5)$

(3) $P(X \leqq 3)$

35b 基本
赤玉 4 個と白玉 3 個が入っている袋から，同時に 3 個取り出すとき，赤玉が出た個数を X とする。次の確率を求めよ。

(1) $P(X=2)$

(2) $P(X \leqq 1)$

(3) $P(0 \leqq X \leqq 3)$

2 確率変数 X の平均・分散・標準偏差

確率変数 X の確率分布が右の表で与えられているとき，確率変数 X の平均は

$$E(X)=x_1p_1+x_2p_2+x_3p_3+\cdots+x_np_n=\sum_{k=1}^{n}x_kp_k$$

X	x_1	x_2	x_3	$\cdots$	x_n	計
P	p_1	p_2	p_3	$\cdots$	p_n	1

例 30 3枚の100円硬貨を同時に投げるとき，表の出た硬貨の合計金額の平均を求めよ。

解答 表の出た硬貨の合計金額を X とすると，確率変数 X の確率分布は次のようになる。

X	0	100	200	300	計
P	$\dfrac{1}{8}$	$\dfrac{3}{8}$	$\dfrac{3}{8}$	$\dfrac{1}{8}$	1

◀ 3枚の硬貨を同時に投げる試行において，表裏の出方は次の8通りである。
(表, 表, 表)，(表, 表, 裏)，(表, 裏, 表)，(裏, 表, 表)
(表, 裏, 裏)，(裏, 表, 裏)，(裏, 裏, 表)，(裏, 裏, 裏)

よって，表の出た硬貨の合計金額の平均は

$$E(X)=0\times\frac{1}{8}+100\times\frac{3}{8}+200\times\frac{3}{8}+300\times\frac{1}{8}=\frac{1200}{8}=\mathbf{150}\,(円)$$

36a 基本 右のような賞金がついているくじがある。
このくじを1本引くとき，賞金の平均を求めよ。

	賞金	本数
1等	10000円	1本
2等	2000円	4本
3等	500円	20本
はずれ	0円	75本
計		100本

36b 基本 大，小2個のさいころを同時に投げるときの目の和の平均を求めよ。

KEY 25
確率変数Xの分散と標準偏差

確率変数Xの分散

① $V(X)=E((X-m)^2)=\sum_{k=1}^{n}(x_k-m)^2 p_k$ ② $V(X)=E(X^2)-\{E(X)\}^2$

確率変数Xの標準偏差

$$\sigma(X)=\sqrt{V(X)}$$

例 31 2枚の10円硬貨を同時に投げるとき，表の出た硬貨の合計金額Xの平均，分散，標準偏差を求めよ。

解答 Xの確率分布は右の表のようになる。

X	0	10	20	計
P	$\frac{1}{4}$	$\frac{2}{4}$	$\frac{1}{4}$	1

$E(X)=0\times\dfrac{1}{4}+10\times\dfrac{2}{4}+20\times\dfrac{1}{4}=\mathbf{10}\,(円)$

$V(X)=E(X^2)-\{E(X)\}^2=\left(0^2\times\dfrac{1}{4}+10^2\times\dfrac{2}{4}+20^2\times\dfrac{1}{4}\right)-10^2=\mathbf{50}$

$\sigma(X)=\sqrt{V(X)}=\sqrt{50}=\mathbf{5\sqrt{2}}\,(円)$

37a 標準 100円硬貨1枚，10円硬貨1枚を同時に投げるとき，表の出た硬貨の合計金額Xの平均，分散，標準偏差を求めよ。

37b 標準 赤玉5個と白玉4個が入っている袋から，同時に2個の玉を取り出すとき，赤玉の個数Xの平均，分散，標準偏差を求めよ。

赤玉2個と白玉3個が入っている袋から，取り出した玉はもとに戻さないようにして，1個ずつ2回取り出すとき，赤玉の取り出される回数Xの平均，分散，標準偏差を求めよ。

解答 玉の出方は右の樹形図のようになり，Xのとり得る値は0，1，2である。

$$P(X=0)=\frac{3}{5}\times\frac{2}{4}=\frac{3}{10}, \quad P(X=1)=\frac{2}{5}\times\frac{3}{4}+\frac{3}{5}\times\frac{2}{4}=\frac{6}{10},$$

$$P(X=2)=\frac{2}{5}\times\frac{1}{4}=\frac{1}{10}$$

Xの確率分布は次の表のようになる。

X	0	1	2	計
P	$\frac{3}{10}$	$\frac{6}{10}$	$\frac{1}{10}$	1

Xの平均は $\qquad E(X)=0\times\frac{3}{10}+1\times\frac{6}{10}+2\times\frac{1}{10}=\frac{8}{10}=\frac{4}{5}$ (回)

Xの分散は $\qquad V(X)=E(X^2)-\{E(X)\}^2=\left(0^2\times\frac{3}{10}+1^2\times\frac{6}{10}+2^2\times\frac{1}{10}\right)-\left(\frac{4}{5}\right)^2=\frac{9}{25}$

Xの標準偏差は $\qquad \sigma(X)=\sqrt{V(X)}=\frac{3}{5}$ (回)

38a 標準 赤玉4個と白玉2個が入っている袋から，取り出した玉はもとに戻さないようにして，1個ずつ2回取り出すとき，白玉の取り出される回数Xの平均，分散，標準偏差を求めよ。

38b 標準 4本の当たりくじを含む10本のくじの中から，1本ずつ3回引くとき，当たりくじを引く回数Xの平均，分散，標準偏差を求めよ。ただし，引いたくじはもとに戻さないとする。

3 確率変数 $aX+b$ の平均・分散・標準偏差

KEY 26

確率変数 $aX+b$ の
平均・分散・標準偏差

a, b を定数とするとき

$$E(aX+b)=aE(X)+b, \quad V(aX+b)=a^2V(X), \quad \sigma(aX+b)=|a|\sigma(X)$$

例 33 100円払って，1個のさいころを1回投げ，100円に出た目 X を掛けた金額の賞金をもらえる
ものとする。このときの利益を Y 円とするとき，Y の平均と標準偏差を求めよ。

解答 X の確率分布は右の表のようになる。

X	1	2	3	4	5	6	計
P	$\frac{1}{6}$	$\frac{1}{6}$	$\frac{1}{6}$	$\frac{1}{6}$	$\frac{1}{6}$	$\frac{1}{6}$	1

よって $E(X)=1\times\frac{1}{6}+2\times\frac{1}{6}+3\times\frac{1}{6}$

$\qquad +4\times\frac{1}{6}+5\times\frac{1}{6}+6\times\frac{1}{6}=\frac{7}{2}$

$\sigma(X)=\sqrt{\left(1^2\times\frac{1}{6}+2^2\times\frac{1}{6}+3^2\times\frac{1}{6}+4^2\times\frac{1}{6}+5^2\times\frac{1}{6}+6^2\times\frac{1}{6}\right)-\left(\frac{7}{2}\right)^2}=\frac{\sqrt{105}}{6}$

$Y=100X-100$ であるから　　　　◀賞金は $100X$（円）であるから，利益は $100X-100$（円）となる。

$E(Y)=E(100X-100)=100E(X)-100=\mathbf{250}$（円）

$\sigma(Y)=\sigma(100X-100)=100\sigma(X)=\dfrac{\mathbf{50\sqrt{105}}}{\mathbf{3}}$（円）

39a 基本 10円払って，3枚の10円硬貨を同時
に投げる。表が出た硬貨を賞金としてもらえると
き，利益の平均と標準偏差を求めよ。

39b 基本 50円払って，赤玉2個と白玉4個が
入っている袋から，同時に2個の玉を取り出す。
取り出した赤玉1個につき100円もらえるものと
する。このとき，利益の平均と標準偏差を求めよ。

1回の試行で事象Aの起こる確率がpであるとき，その余事象の確率を$q=1-p$とする。この独立な試行をn回くり返すとき，事象Aの起こる回数をXとすると，$X=r$である確率は

$$_nC_r p^r q^{n-r} \quad (r=0,\ 1,\ 2,\ \cdots\cdots,\ n)$$

である。このような確率分布を二項分布といい，$B(n,\ p)$で表す。
また，確率変数Xは二項分布$B(n,\ p)$にしたがうという。

例 34 1個のさいころを3回投げるとき，奇数の目が出る回数Xの確率分布を求めよ。また，どのような二項分布にしたがうか。

解答 Xのとり得る値は0，1，2，3である。

1回の試行で奇数の目が出る確率は$\dfrac{1}{2}$であるから，3回の試行のうち，奇数の目がr回出る確率は

$$_3C_r\left(\dfrac{1}{2}\right)^r\left(\dfrac{1}{2}\right)^{3-r} \quad (r=0,\ 1,\ 2,\ 3)$$

である。したがって，Xの確率分布は右の表のようになる。
また，回数Xは二項分布$B\left(3,\ \dfrac{1}{2}\right)$にしたがう。

X	0	1	2	3	計
P	$\dfrac{1}{8}$	$\dfrac{3}{8}$	$\dfrac{3}{8}$	$\dfrac{1}{8}$	1

40a 基本 1個のさいころを3回投げるとき，2以下の目が出る回数Xの確率分布を求めよ。また，どのような二項分布にしたがうか。

40b 基本 1個のさいころを4回投げるとき，偶数の目が出る回数Xの確率分布を求めよ。また，どのような二項分布にしたがうか。

例 35　1組52枚のトランプの中から1枚引き，カードの種類を記録してもとに戻す。この試行を5回くり返すとき，次の問いに答えよ。

(1)　スペードが出る回数Xの確率分布を求めよ。

(2)　スペードが3回以上出る確率を求めよ。

解答　各回の試行は独立で，1回の試行でスペードが出る確率は$\dfrac{13}{52}=\dfrac{1}{4}$である。よって，スペードが出る回数$X$は二項分布$B\left(5, \dfrac{1}{4}\right)$にしたがう。

(1)　5回の試行のうち，スペードがr回出る確率は　${}_5C_r\left(\dfrac{1}{4}\right)^r\left(\dfrac{3}{4}\right)^{5-r}$　$(r=0,\ 1,\ 2,\ 3,\ 4,\ 5)$

である。
したがって，Xの確率分布は右の表のようになる。

X	0	1	2	3	4	5	計
P	$\dfrac{243}{1024}$	$\dfrac{405}{1024}$	$\dfrac{270}{1024}$	$\dfrac{90}{1024}$	$\dfrac{15}{1024}$	$\dfrac{1}{1024}$	1

(2)　(1)の結果より，スペードが3回以上出る確率は

$$P(X \geqq 3)=\frac{90}{1024}+\frac{15}{1024}+\frac{1}{1024}=\frac{106}{1024}=\frac{53}{512}$$

41a　標準　1枚の硬貨を5回投げるとき，次の問いに答えよ。

(1)　表が出る回数Xの確率分布を求めよ。

(2)　表が3回以上出る確率を求めよ。

41b　標準　赤玉4個と白玉2個が入っている袋から玉を1個取り出し，色を記録してもとに戻す。この試行を5回くり返すとき，次の問いに答えよ。

(1)　白玉が出る回数Xの確率分布を求めよ。

(2)　白玉が2回以上出る確率を求めよ。

検印

確率変数Xが二項分布 $B(n, p)$にしたがうとき
$E(X)=np, V(X)=npq, \sigma(X)=\sqrt{npq}$ ただし $q=1-p$

例 36 1個のさいころを20回投げるとき，5以上の目が出る回数Xの平均と標準偏差を求めよ。

解答   1回の試行で5以上の目が出る確率は $\dfrac{1}{3}$ であるから，X は二項分布 $B\left(20, \dfrac{1}{3}\right)$にしたがう。

よって，平均$E(X)$，標準偏差$\sigma(X)$は，それぞれ

$$E(X)=20\cdot\dfrac{1}{3}=\dfrac{20}{3}\,(\text{回}), \quad \sigma(X)=\sqrt{20\cdot\dfrac{1}{3}\cdot\dfrac{2}{3}}=\dfrac{2\sqrt{10}}{3}\,(\text{回})$$

42a 基本 次の確率変数Xの平均と標準偏差を求めよ。

(1) 1個のさいころを30回投げるとき，偶数の目が出る回数X

42b 基本 次の確率変数Xの平均と標準偏差を求めよ。

(1) 1組52枚のトランプの中から1枚引き，カードの種類を記録してもとに戻す試行を30回くり返すとき，ハートが出る回数X

(2) 1枚の硬貨を50回投げるとき，表が出る回数X

(2) 赤玉3個と白玉2個が入っている袋から玉を1個取り出し，色を記録してもとに戻す試行を50回くり返すとき，白玉が出る回数X

KEY 29
二項分布の利用

きわめて多数のものの中から比較的少数の n 個のものを取り出す試行は，各回独立して1個ずつ取り出す試行を n 回くり返す反復試行と考えられる。

例 37 4 %の不良品を含むきわめて多数の製品がある。この中から100個の製品を取り出したとき，その中に含まれる不良品の個数 X の平均と標準偏差を求めよ。

解答 きわめて多数の製品であるから，1個ずつ取り出すことを100回くり返す反復試行と考えてよい。取り出した1個が不良品である確率は4 %であるから，不良品の個数 X は，二項分布 $B\left(100, \dfrac{4}{100}\right)$ にしたがう。よって，平均 $E(X)$，標準偏差 $\sigma(X)$ は，それぞれ

$$E(X) = 100 \cdot \frac{4}{100} = 4 \text{（個）}, \quad \sigma(X) = \sqrt{100 \cdot \frac{4}{100} \cdot \frac{96}{100}} = \frac{8\sqrt{6}}{10} = \frac{4\sqrt{6}}{5} \text{（個）}$$

43a 標準 2 %の不良品を含むきわめて多数の製品がある。この中から500個の製品を取り出したとき，その中に含まれる不良品の個数 X の平均と標準偏差を求めよ。

43b 標準 ある野菜の種は，適温に保たれた温室の中では発芽率が95 %であるという。この温室の中でこの野菜の種を500粒植えたとき，発芽する種の数 X の平均と標準偏差を求めよ。

検印

連続型確率変数Xの確率密度関数 $f(x)$は，次の性質をもつ。

① $f(x) \geqq 0$
② $y = f(x)$ のグラフと x 軸の間の面積は 1 である。
③ X が a 以上 b 以下の値をとる確率 $P(a \leqq X \leqq b)$は，
  $y = f(x)$ のグラフと x 軸および 2 直線 $x = a$，$x = b$
  で囲まれた部分の面積に等しい。

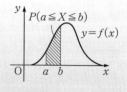

例 38 確率変数Xのとり得る値 x の範囲が $0 \leqq x \leqq 1$ で，その確率密度関数が

$$f(x) = 2x \quad (0 \leqq x \leqq 1)$$

で表されるとき，$P\left(\dfrac{1}{2} \leqq X \leqq 1\right)$を求めよ。

解答　$P\left(\dfrac{1}{2} \leqq X \leqq 1\right) = P(0 \leqq X \leqq 1) - P\left(0 \leqq X \leqq \dfrac{1}{2}\right)$

$$= \dfrac{1}{2} \cdot 1 \cdot 2 - \dfrac{1}{2} \cdot \dfrac{1}{2} \cdot 1 = \dfrac{3}{4}$$

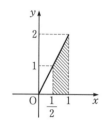

44a 基本　確率変数Xのとり得る値 x の範囲が $2 \leqq x \leqq 4$ で，その確率密度関数が

$$f(x) = \dfrac{1}{2}x - 1 \quad (2 \leqq x \leqq 4)$$

で表されるとき，次の確率を求めよ。
(1)　$P(2 \leqq X \leqq 3)$

44b 基本　確率変数Xのとり得る値 x の範囲が $0 \leqq x \leqq 2$ で，その確率密度関数が

$$f(x) = \dfrac{1}{2} \quad (0 \leqq x \leqq 2)$$

で表されるとき，次の確率を求めよ。
(1)　$P(0 \leqq X \leqq 1)$

(2)　$P(3 \leqq X \leqq 4)$

(2)　$P\left(1 \leqq X \leqq \dfrac{3}{2}\right)$

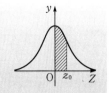

6 正規分布

平均 0，標準偏差 1 の正規分布 $N(0,1)$ を 標準正規分布 という。
確率変数 Z が標準正規分布 $N(0,1)$ にしたがうとき，Z が 0 と z_0 の間の値をとる確率 $P(0 \leqq Z \leqq z_0)$ の値は，右の図の斜線部分の面積に等しい。
その値は，正規分布表から求めることができる。
→正規分布表は巻末

例 39 確率変数 Z が $N(0,1)$ にしたがうとき，正規分布表を利用して，次の確率を求めよ。

(1) $P(0.8 \leqq Z \leqq 2)$　　　　　　　　(2) $P(Z \leqq -1.58)$

解答

(1) $P(0.8 \leqq Z \leqq 2)$
$= P(0 \leqq Z \leqq 2) - P(0 \leqq Z \leqq 0.8)$
$= 0.4772 - 0.2881 = \mathbf{0.1891}$

(2) $P(Z \leqq -1.58) = P(Z \geqq 1.58)$
$= P(Z \geqq 0) - P(0 \leqq Z \leqq 1.58)$
$= 0.5 - 0.4429 = \mathbf{0.0571}$

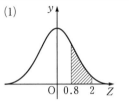
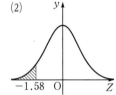

45a 基本 確率変数 Z が $N(0,1)$ にしたがうとき，正規分布表を利用して，次の確率を求めよ。

(1) $P(0 \leqq Z < 1)$

(2) $P(-1 \leqq Z \leqq 1)$

(3) $P(Z < -1)$

45b 基本 確率変数 Z が $N(0,1)$ にしたがうとき，正規分布表を利用して，次の確率を求めよ。

(1) $P(Z > 1.37)$

(2) $P(Z \leqq -0.58)$

(3) $P(-2.96 \leqq Z < 0.12)$

確率変数 X が正規分布 $N(m, \sigma^2)$ にしたがうとき,

$$Z = \frac{X-m}{\sigma}$$

とおくと, 確率変数 Z は標準正規分布 $N(0, 1)$ にしたがう。

例 40 確率変数 X が $N(5, 2^2)$ にしたがうとき, $P(1 \leq X \leq 3)$ を求めよ。

解答 $Z = \dfrac{X-5}{2}$ とおくと, 確率変数 Z は $N(0, 1)$ にしたがう。

$X=1$ のとき, $Z=-2$, $X=3$ のとき, $Z=-1$ であるから

$P(1 \leq X \leq 3) = P(-2 \leq Z \leq -1) = P(1 \leq Z \leq 2) = P(0 \leq Z \leq 2) - P(0 \leq Z \leq 1)$

$\qquad\qquad = 0.4772 - 0.3413 = \mathbf{0.1359}$

46a 標準 確率変数 X が $N(3, 2^2)$ にしたがうとき, 次の確率を求めよ。

(1) $P(X \leq 1)$

46b 標準 確率変数 X が $N(4, 3^2)$ にしたがうとき, 次の確率を求めよ。

(1) $P(X \leq -2)$

(2) $P(-1 \leq X \leq 5)$

(2) $P(1 \leq X \leq 7)$

例 41 ある高校の 1 年生女子150人の身長の平均は 155 cm, 標準偏差は 7 cm である。この身長の分布を正規分布とみなすとき, 身長が 160 cm 以上の生徒は, およそ何人いるか。

解答 身長を X cm とすると, X は $N(155,\ 7^2)$ にしたがうから,

$Z=\dfrac{X-155}{7}$ とおくと, Z は $N(0,\ 1)$ にしたがう。

$X=160$ のとき, Z の値は小数第 3 位を四捨五入して求めると, $Z=0.71$ であるから

$P(X\geqq160)=P(Z\geqq0.71)=P(Z\geqq0)-P(0\leqq Z\leqq0.71)=0.5-0.2611=0.2389$

したがって, 身長 160 cm 以上の人数は $150\times0.2389=35.835$

答 およそ36人

47a 標準 ある高校の 1 年生男子200人の身長の平均は 165 cm, 標準偏差は 8 cm である。この身長の分布を正規分布とみなすとき, 身長が 170 cm 以上の生徒は, およそ何人いるか。

47b 標準 ある高校の 3 年生300人に数学のテストを行った。平均点は70点, 標準偏差は12点である。この得点の分布を正規分布とみなすとき, 得点が50点以下の生徒は, およそ何人いるか。

確率変数 X が二項分布 $B(n,\ p)$ にしたがうとき，

$$Z = \frac{X - np}{\sqrt{np(1-p)}}$$

とすると，n が十分に大きいならば，確率変数 Z は近似的に標準正規分布 $N(0,\ 1)$ にしたがう。

例 42 1個のさいころを400回投げる。偶数の目が出る回数を X とするとき，$X \geqq 220$ となる確率を求めよ。

解答 X は二項分布 $B\left(400,\ \dfrac{1}{2}\right)$ にしたがうから，X の平均 m と標準偏差 σ は

$$m = 400 \cdot \frac{1}{2} = 200, \quad \sigma = \sqrt{400 \cdot \frac{1}{2} \cdot \frac{1}{2}} = 10$$

400は十分に大きいから，この二項分布 $B\left(400,\ \dfrac{1}{2}\right)$ は正規分布 $N(200,\ 10^2)$ で近似できる。

よって，$Z = \dfrac{X - 200}{10}$ とおくと，Z は標準正規分布 $N(0,\ 1)$ にしたがうとみなすことができる。

したがって $P(X \geqq 220) = P(Z \geqq 2) = P(Z \geqq 0) - P(0 \leqq Z \leqq 2) = 0.5 - 0.4772 = \mathbf{0.0228}$

48a 標準 1個のさいころを450回投げる。3の倍数の目が出る回数を X とするとき，$120 \leqq X \leqq 180$ となる確率を求めよ。

48b 標準 A チームが1試合に勝つ確率は 0.4 であるという。A チームが1年間に150試合するとき，そのうち80勝以上する確率を求めよ。ただし，引き分けの試合はないものとする。

例題 9 正規分布の利用

900人を対象に実施したある試験の得点は，平均が250点，標準偏差が40点の正規分布にしたがうという。成績が上位100番までの受験者の得点は，何点以上と考えられるか。

【ガイド】 得点Xの平均と標準偏差が与えられているので，確率変数Xを標準化して，正規分布表を利用する。
上位100番までの受験者が全体に占める割合がわかるので，その割合から，標準化された確率変数Zの値の範囲を考えればよい。

解答 試験の得点をX点とすると，Xは$N(250, 40^2)$にしたがうから，

$$Z = \frac{X-250}{40}$$

とおくと，確率変数Zは$N(0, 1)$にしたがう。

成績が上位からちょうど100番目にあたる受験者の得点をn点とすると，

$$P(X \geq n) = P\left(Z \geq \frac{n-250}{40}\right) = P(Z \geq 0) - P\left(0 \leq Z \leq \frac{n-250}{40}\right)$$

ここで，$P(X \geq n) = \dfrac{100}{900} = 0.1111\cdots\cdots$，

$P(Z \geq 0) = 0.5$であるから

◀900人中上位100番までにいる受験者の割合は$\dfrac{100}{900}$

$$P\left(0 \leq Z \leq \frac{n-250}{40}\right) = P(Z \geq 0) - P(X \geq n) = 0.5 - 0.1111\cdots\cdots = 0.3888\cdots\cdots$$

正規分布表において，$0.3888\cdots\cdots$に最も近い値0.3888に対応するZの値は1.22

よって　$\dfrac{n-250}{40} = 1.22$　　　　$n = 250 + 1.22 \times 40 = 298.8$

したがって，**299点以上**と考えられる。

練習 9

ある高校の2年生男子150人の身長は，平均が$170\,\mathrm{cm}$，標準偏差が$6\,\mathrm{cm}$の正規分布にしたがうという。高い方から28番までの生徒の身長は，何cm以上と考えられるか。

2 節 統計処理

1 標本調査と母集団分布

KEY 34
全数調査と標本調査

集団に対してある変量を統計調査するには，次の2通りの方法がある。
全数調査……集団全体をもれなく調べる。
標本調査……集団の一部を調べ，その結果から集団全体の性質を推測する。

例 43 次の調査は，全数調査，標本調査のどちらであるか。
- (1) りんごを出荷する際の味見調査
- (2) りんごを出荷する際の機械によるサイズ調査

解答
- (1) 標本調査
- (2) 全数調査

49a 基本 次の調査は，全数調査，標本調査のどちらであるか。
(1) 学校で行われる視力検査

49b 基本 次の調査は，全数調査，標本調査のどちらであるか。
(1) ある会社の製造した電球の耐久時間の調査

(2) テレビの視聴率

(2) 航空機に乗る前の手荷物検査

検印

KEY 35
復元抽出と非復元抽出

復元抽出……母集団から要素を1個取り出したらもとに戻し，改めてまた1個取り出すことをくり返す方法
非復元抽出……一度取り出した要素はもとに戻さないで，続けて取り出す方法

例 44 1, 2, 3の数字を1つずつ書いた3個の玉を袋に入れ，これら3個の玉を母集団として，大きさ3の標本を復元抽出する場合，標本は何通りあるか。

解答 たとえば，1の玉に続いて2の玉が抽出され，2の玉に続いて3の玉が抽出されたことを(1, 2, 3)で表すこととする。
標本は，(1, 1, 1), (1, 1, 2), (1, 1, 3), (1, 2, 1), …, (3, 3, 1), (3, 3, 2), (3, 3, 3)の全部で$3^3 = 27$(通り)である。

50a 基本 1, 2, 3, 4, 5 の数字を 1 つずつ書いた 5 個の玉を袋に入れ，これら 5 個の玉を母集団として，大きさ 2 の標本を抽出する。このとき，次の問いに答えよ。

(1) 復元抽出する場合，標本は何通りあるか。

(2) 非復元抽出する場合，標本は何通りあるか。

50b 基本 1, 2, 3, 4, 5, 6, 7 の数字を 1 つずつ書いた 7 枚のカードを母集団として，大きさ 3 の標本を抽出する。このとき，次の問いに答えよ。

(1) 復元抽出する場合，標本は何通りあるか。

(2) 非復元抽出する場合，標本は何通りあるか。

KEY 36
母集団の分布

母集団における変量の確率分布を母集団分布といい，その平均，分散，標準偏差を，それぞれ母平均，母分散，母標準偏差という。

例 45 1, 3, 5, 7, 9 の数字を 1 つずつ書いた玉を袋に入れて，これら 5 つの数字を母集団とし，玉の数字を変量 X とする。X の母集団分布を求めよ。また，母平均 m と母標準偏差 σ を求めよ。

解答 X の母集団分布は右の表のようになる。
また，母平均 m，母標準偏差 σ は

$$m = 1 \times \frac{1}{5} + 3 \times \frac{1}{5} + 5 \times \frac{1}{5} + 7 \times \frac{1}{5} + 9 \times \frac{1}{5} = \frac{25}{5} = 5$$

$$\sigma = \sqrt{\left(1^2 \times \frac{1}{5} + 3^2 \times \frac{1}{5} + 5^2 \times \frac{1}{5} + 7^2 \times \frac{1}{5} + 9^2 \times \frac{1}{5}\right) - 5^2} = \sqrt{33 - 25} = 2\sqrt{2}$$

X	1	3	5	7	9	計
P	$\frac{1}{5}$	$\frac{1}{5}$	$\frac{1}{5}$	$\frac{1}{5}$	$\frac{1}{5}$	1

51a 基本 0, 1, 2 の数字を 1 つずつ書いたカードがそれぞれ 4 枚，4 枚，2 枚ある。これら 10 枚のカードを母集団とし，カードの数字を変量 X とする。X の母集団分布を求めよ。また，母平均 m と母標準偏差 σ を求めよ。

51b 基本 0, 2, 4, 6 の数字を 1 つずつ書いたカードがそれぞれ 3 枚，3 枚，3 枚，1 枚ある。これら 10 枚のカードを母集団とし，カードの数字を変量 X とする。X の母集団分布を求めよ。また，母平均 m と母標準偏差 σ を求めよ。

2 標本平均の確率分布

復元抽出によって母集団から無作為抽出した大きさ n の標本の変量を X_1, X_2, X_3, ……, X_n とする。この平均を標本平均といい，$\overline{X}$ で表す。

$$\overline{X}=\frac{X_1+X_2+X_3+\cdots\cdots+X_n}{n}$$

例 46 0, 2, 4, 6 の数字を1つずつ書いた4個の玉を袋に入れて，これら4つの数字を母集団とする。大きさ2の標本を復元抽出するとき，標本平均 $\overline{X}$ の確率分布を求めよ。

解答 1回目に抽出する玉の数字を X_1，
2回目に抽出する玉の数字を X_2
とすると，
標本 $(X_1,\ X_2)$ の選び方は，$4^2=16$（通り）ある。
よって，標本平均 $\overline{X}$ の確率分布は，次のようになる。

$\overline{X}$	0	1	2	3	4	5	6	計
P	$\frac{1}{16}$	$\frac{2}{16}$	$\frac{3}{16}$	$\frac{4}{16}$	$\frac{3}{16}$	$\frac{2}{16}$	$\frac{1}{16}$	1

$$\overline{X}=\frac{X_1+X_2}{2}$$

X_1 / X_2	0	2	4	6
0	0	1	2	3
2	1	2	3	4
4	2	3	4	5
6	3	4	5	6

52a 基本 1, 3, 5, 7 の数字を1つずつ書いた4個の玉を袋に入れて，これら4つの数字を母集団とする。大きさ2の標本を復元抽出するとき，標本平均 $\overline{X}$ の確率分布を求めよ。

52b 基本 1, 1, 3, 5 の数字を1つずつ書いた4個の玉を袋に入れて，これら4つの数字を母集団とする。大きさ2の標本を復元抽出するとき，標本平均 $\overline{X}$ の確率分布を求めよ。

検印

母平均 m，母標準偏差 σ の母集団から，大きさ n の標本を復元抽出するとき，標本平均 $\overline{X}$ の平均 $E(\overline{X})$，標準偏差 $\sigma(\overline{X})$ は

$$E(\overline{X})=m,\ \ \sigma(\overline{X})=\frac{\sigma}{\sqrt{n}}$$

例 47 母平均30，母標準偏差18の母集団から，大きさ144の標本を復元抽出するとき，標本平均 $\overline{X}$ の平均 $E(\overline{X})$ と標準偏差 $\sigma(\overline{X})$ を求めよ。

解答 母平均 $m=30$，母標準偏差 $\sigma=18$，大きさ $n=144$ であるから

$$E(\overline{X})=m=30, \qquad \sigma(\overline{X})=\frac{\sigma}{\sqrt{n}}=\frac{18}{\sqrt{144}}=\frac{18}{12}=1.5$$

53a 基本 母平均60，母標準偏差15の母集団から，大きさ169の標本を復元抽出するとき，標本平均 $\overline{X}$ の平均 $E(\overline{X})$ と標準偏差 $\sigma(\overline{X})$ を求めよ。

53b 基本 母平均320，母標準偏差35の母集団から，大きさ1225の標本を復元抽出するとき，標本平均 $\overline{X}$ の平均 $E(\overline{X})$ と標準偏差 $\sigma(\overline{X})$ を求めよ。

KEY 39
標本平均の確率分布の利用

母平均 m，母標準偏差 σ の母集団から，大きさ n の標本を無作為抽出するとき，n が大きいならば，標本平均 $\overline{X}$ を標準化した確率変数 $Z = \dfrac{\overline{X} - m}{\dfrac{\sigma}{\sqrt{n}}}$ は，近似的に標準正規分布 $N(0,\ 1)$ にしたがう。

例 48 ある県の高校2年生の数学のテストの点数は，平均68点，標準偏差40点の正規分布にしたがうという。無作為に100人を抽出したとき，その標本平均 $\overline{X}$ が80点以上である確率を求めよ。

解答 母集団分布が正規分布 $N(68,\ 40^2)$ であるから，標本平均 $\overline{X}$ は正規分布 $N\!\left(68,\ \dfrac{40^2}{100}\right)$ にしたがう。

よって，標準化した確率変数 $Z = \dfrac{\overline{X} - 68}{\dfrac{40}{\sqrt{100}}} = \dfrac{\overline{X} - 68}{4}$ は標準正規分布 $N(0,\ 1)$ にしたがう。

$\overline{X} = 80$ のとき，$Z = 3$ であるから，求める確率は

$P(\overline{X} \geqq 80) = P(Z \geqq 3) = P(Z \geqq 0) - P(0 \leqq Z \leqq 3) = 0.5 - 0.4987 = \mathbf{0.0013}$

54a 標準 例48で，標本平均 $\overline{X}$ が60点以上70点以下である確率を求めよ。

54b 標準 ある県の17歳男子の身長は，平均170cm，標準偏差10cmの正規分布にしたがうという。無作為に100人を抽出したとき，その標本平均 $\overline{X}$ が168cm以下である確率を求めよ。

母標準偏差 σ の母集団から大きさ n の標本を無作為抽出し，その標本平均を $\overline{x}$ とすると，n が大きいならば，母平均 m に対する信頼区間は

① 信頼度95%では $\overline{x}-1.96\cdot\dfrac{\sigma}{\sqrt{n}}\leqq m\leqq\overline{x}+1.96\cdot\dfrac{\sigma}{\sqrt{n}}$

② 信頼度99%では $\overline{x}-2.58\cdot\dfrac{\sigma}{\sqrt{n}}\leqq m\leqq\overline{x}+2.58\cdot\dfrac{\sigma}{\sqrt{n}}$

例 49 母標準偏差 7 の母集団から大きさ49の標本を無作為抽出した。その標本平均の値が50であるとき，母平均 m を信頼度95%で推定せよ。

解答 $\sigma=7$，$n=49$，$\overline{x}=50$ であるから，信頼度95%の信頼区間は

$$50-1.96\cdot\frac{7}{\sqrt{49}}\leqq m\leqq 50+1.96\cdot\frac{7}{\sqrt{49}}$$

すなわち $48.04\leqq m\leqq 51.96$

55a 基本 母標準偏差 6 の母集団から大きさ144の標本を無作為抽出した。その標本平均の値が25であるとき，母平均 m を信頼度95%で推定せよ。

55b 基本 母標準偏差 4 の母集団から大きさ196の標本を無作為抽出した。その標本平均の値が15であるとき，母平均 m を信頼度95%で推定せよ。

KEY 41
標本標準偏差

抽出した1つの標本の標準偏差を標本標準偏差といい，s で表す。
実際の標本調査では，母集団の標準偏差 σ が不明なことが多い。しかし，<u>標本の大きさ n が大きいとき</u>には，母標準偏差 σ のかわりに，標本標準偏差 s を用いてもよいことが知られている。

例 50
ある県の17歳男子の中から，100人を無作為抽出して身長を測定したところ，標本平均が170.0cm，標本標準偏差が5.0cmであった。この県の17歳男子の平均身長 m を，信頼度95％で推定せよ。

解答
標本の数100は大きいから，母標準偏差を標本標準偏差5.0で代用できる。
標本平均は，$\overline{X}=170.0$ であるから，母平均 m に対する信頼度95％の信頼区間は

$$170.0-1.96\times\frac{5.0}{\sqrt{100}}\leq m\leq 170.0+1.96\times\frac{5.0}{\sqrt{100}}$$

すなわち　$169.02\leq m\leq 170.98$
したがって，平均身長は **169.0cm** 以上 **171.0cm** 以下と推定される。◀信頼区間の幅は広げて答える。

56a 標準 ある県の高校2年生の中から，144人を無作為抽出して数学のテストを行ったところ，標本平均が65点，標本標準偏差が24点であった。この県の高校2年生の平均点 m を，信頼度95％で推定せよ。

56b 標準 ある会社で製造している電球から，169個を無作為抽出して寿命時間を調べると，平均2000時間，標本標準偏差は390時間であった。この電球の平均寿命時間 m を信頼度99％で推定せよ。

信頼度95%の信頼区間の幅は，$2 \times 1.96 \times \dfrac{\sigma}{\sqrt{n}}$ である。

例 51 ある工場で製造される製品1個あたりの長さは，標準偏差が6cmの正規分布にしたがうものとする。この製品の長さの平均mを信頼度95%で推定したい。信頼区間の幅を3cm以下にするためには，標本の大きさnをどのようにすればよいか。

解答 mに対する信頼度95%の信頼区間は，標本平均を$\overline{x}$とすると

$$\overline{x} - 1.96 \cdot \frac{6}{\sqrt{n}} \leqq m \leqq \overline{x} + 1.96 \cdot \frac{6}{\sqrt{n}}$$

であるから，信頼区間の幅が3cm以下であるとき　$2 \times 1.96 \times \dfrac{6}{\sqrt{n}} \leqq 3$

すなわち　$\sqrt{n} \geqq \dfrac{2 \times 1.96 \times 6}{3}$

したがって　$n \geqq \left(\dfrac{2 \times 1.96 \times 6}{3} \right)^2 = 7.84^2 = 61.4656$　　　**答** n を62以上にすればよい。

57a 標準 ある工場で製造される製品1個あたりの長さは，標準偏差が4.5cmの正規分布にしたがうものとする。この製品の長さの平均mを信頼度95%で推定したい。信頼区間の幅を1.5cm以下にするためには，標本の大きさnをどのようにすればよいか。

57b 標準 ある工場で製造される製品1個あたりの重さは，標準偏差が5mgの正規分布にしたがうものとする。この製品の重さの平均mを信頼度95%で推定したい。信頼区間の幅を1mg以下にするためには，標本の大きさnをどのようにすればよいか。

4 母比率の推定

KEY 43

母比率の推定

母集団から大きさ n の標本を無作為抽出し，標本比率を $\overline{p}$ とする。n が大きいならば，母比率 p に対する信頼区間は

① 信頼度95%では，$\overline{p}-1.96\sqrt{\dfrac{\overline{p}(1-\overline{p})}{n}} \leqq p \leqq \overline{p}+1.96\sqrt{\dfrac{\overline{p}(1-\overline{p})}{n}}$

② 信頼度99%では，$\overline{p}-2.58\sqrt{\dfrac{\overline{p}(1-\overline{p})}{n}} \leqq p \leqq \overline{p}+2.58\sqrt{\dfrac{\overline{p}(1-\overline{p})}{n}}$

例 52 全校生徒の中から無作為抽出した100人のうち，ある案を支持する者が90人いた。全校生徒におけるこの案の支持率 p を信頼度95%で推定せよ。

解答 標本における支持率 $\overline{p}$ は　$\overline{p}=\dfrac{90}{100}=0.9$

よって，全校生徒の支持率 p に対する信頼度95%の信頼区間は

$$0.9-1.96\sqrt{\dfrac{0.9\times 0.1}{100}} \leqq p \leqq 0.9+1.96\sqrt{\dfrac{0.9\times 0.1}{100}}$$

すなわち　$0.8412 \leqq p \leqq 0.9588$

したがって，支持率は**84.1%以上95.9%以下**と推定できる。

58a 標準 例52の支持率 p を信頼度99%で推定せよ。

58b 標準 ある工場で，製品の中から600個を無作為抽出して検査したところ，24個の不良品があった。この工場の製品の不良品の比率 p を信頼度95%で推定せよ。

検印

5 仮説検定の方法

次のような手順で仮説の妥当性について判断することを検定といい，H_0 のことを帰無仮説，H_1 のことを 対立仮説 という。

① ある事象Aが起こった状況や原因をもとに，仮説 H_1 を立てる。
② 仮説 H_1 に反する命題 H_0 を考える。
③ 命題 H_0 が真であると仮定した場合に事象Aが起こる確率pを求める。
④ 求めたpを，あらかじめ定めておいた，めったに起こらないと判断する確率 p_0 と比較して，命題 H_0 が真であるという仮説の妥当性を判断する。

④で定めた確率 p_0 を有意水準といい，有意水準と比較して，帰無仮説が正しくないと判断することを棄却するという。

例 53 ミネラルウォーターの瓶詰工場で作られている製品の内容量は，平均 500 mL，標準偏差 50 mL の正規分布にしたがうことがわかっている。ある日の製品から100本を無作為に選んで調べると，内容量の平均が 510 mL であった。この日の製品は，正常に作られていると判断してもよいか。有意水準 5 ％で検定せよ。

解答 仮説を「製品は正常に作られている」とする。

製品の内容量を X mL とおくと，X は正規分布 $N(500,\ 50^2)$ にしたがうので，標本平均 $\overline{X}$ は $N\left(500,\ \dfrac{50^2}{100}\right)$ にしたがう。ここで，$Z=\dfrac{\overline{X}-500}{\dfrac{50}{\sqrt{100}}}$ とおくと，確率変数Zは標準正規分布 $N(0,\ 1)$ にしたがう。

信頼度95%のときは，$-1.96 \leqq Z \leqq 1.96$ であるから $-1.96 \cdot \dfrac{50}{\sqrt{100}} \leqq \overline{X}-500 \leqq 1.96 \cdot \dfrac{50}{\sqrt{100}}$

すなわち $490.2 \leqq \overline{X} \leqq 509.8$ $\overline{X}=510$はこの範囲に入らないので，仮説は棄却される。
したがって，この日の製品は正常に作られてはいないと判断できる。

59a 標準 学年全体が受けた数学のテストの得点は，平均が65点，標準偏差が18点の正規分布にしたがうとする。このテストで 2 組の生徒36人の得点の平均は71点であった。 2 組の成績は学年全体と同程度であるといえるか。有意水準 5 ％で検定せよ。

59b 標準 ある機械が袋に詰める砂糖の重さは平均 100 g，標準偏差 5 g の正規分布にしたがうことがわかっている。無作為に16個の袋を取って砂糖の重さを測ったところ，平均は 102 g であった。この機械は正しく調整されていると判断してもよいか。有意水準 1 ％で検定せよ。

例題 10　片側検定

ミネラルウォーターの瓶詰工場で作られている製品の内容量は，平均 500 mL，標準偏差 10 mL の正規分布にしたがうことがわかっている。ある日の製品から100本を無作為に選んで調べると，内容量の平均が 498 mL であった。この日の製品は，少なく作られていると判断してもよいか。有意水準 5 ％で検定せよ。

【ガイド】帰無仮説を「製品は少なく作られていない」として，片側検定を行う。確率変数を標準化して，内容量が少ない方から 5 ％となるときの確率変数 Z の値を，正規分布表から読み取る。

◀確率分布の片側だけに注目して判断する検定を，片側検定という。

解答　帰無仮説を「製品は少なく作られていない」とする。

製品の内容量を X mL とおくと，X は正規分布 $N(500, \ 10^2)$ にしたがうから，標本平均 $\overline{X}$ は $N\left(500, \ \dfrac{10^2}{100}\right)$ にしたがう。

よって，$Z=\dfrac{\overline{X}-500}{\dfrac{10}{\sqrt{100}}}=\overline{X}-500$ とおくと，確率変数 Z は標準正規分布 $N(0, \ 1)$ にしたがう。

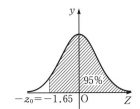

$P(0 \leqq Z \leqq z_0)=0.5-0.05=0.45$ を満たす z_0 は，正規分布表から　$z_0 \fallingdotseq 1.65$

ここで，$Z=498-500=-2$ であるから　　$Z<-z_0$

したがって，帰無仮説は棄却される。すなわち，製品は少なく作られていると判断してよい。

練習 10

ある問題について，県民全体の中から100人を無作為に選んで賛否の意見を求めたところ，賛成者が60人，反対者が40人であった。この結果から，県全体では賛成者の方が多いと考えてよいか。有意水準 5 ％で検定せよ。

1 節 等差数列と等比数列

1a $a_n = 4n$

1b $a_n = 2^{n-1}$

2a $a_1 = 2$, $a_2 = 11$, $a_3 = 26$, $a_4 = 47$, $a_5 = 74$

2b $a_1 = 6$, $a_2 = 18$, $a_3 = 54$, $a_4 = 162$, $a_5 = 486$

3a (1) $a_n = 4n - 2$, $a_{20} = 78$

　　(2) $a_n = 3n - 5$, $a_{20} = 55$

3b (1) $a_n = -3n + 1$, $a_{30} = -89$

　　(2) $a_n = -2n + 7$, $a_{30} = -53$

4a 第12項

4b 第22項

5a (1) $a_n = 2n + 5$

　　(2) $a_n = 4n - 7$

　　(3) $a_n = 3n - 5$

5b (1) $a_n = -2n - 5$

　　(2) $a_n = -4n + 7$

　　(3) $a_n = n + 7$

6a (1) 56　　(2) 32　　(3) 70

6b (1) 630　　(2) -318　　(3) 171

7a (1) $n(6-n)$

　　(2) $\dfrac{3}{2} n(n+13)$

7b (1) $n(3n-13)$

　　(2) $n(51-n)$

8a 360

8b -336

9a (1) 820　　　　　　(2) 169

9b (1) 153　　　　　　(2) 2500

10a 2550

10b 1683

考えてみよう 1

17823

11a (1) $a_n = 2 \times (-3)^{n-1}$

　　(2) $a_n = 5 \times (-2)^{n-1}$

　　(3) $a_n = \left(\dfrac{1}{3}\right)^{n-1}$

11b (1) $a_n = -3 \times \left(\dfrac{3}{2}\right)^{n-1}$

　　(2) $a_n = 54 \times \left(\dfrac{1}{3}\right)^{n-1}$

　　(3) $a_n = (-2)^n$

12a 第5項

12b 第8項

13a $a_n = 3 \times 5^{n-1}$　または　$a_n = -3 \times (-5)^{n-1}$

13b $a_n = 324 \times \left(\dfrac{1}{3}\right)^{n-1}$　または　$a_n = 324 \times \left(-\dfrac{1}{3}\right)^{n-1}$

考えてみよう 2

$a_n = 3 \times (-2)^{n-1}$

14a (1) -1456

　　(2) $6(2^n - 1)$

　　(3) $\dfrac{5}{2} \{1 - (-1)^n\}$

14b (1) 120

　　(2) $\dfrac{3}{2} \{1 - (-1)^n\}$

　　(3) $16 \left\{ \left(\dfrac{3}{2}\right)^n - 1 \right\}$

考えてみよう 3

第10項

練習 1 $a = \dfrac{1}{3}$, $b = -\dfrac{1}{3}$

練習 2 (1) 第15項

　　(2) 287

練習 3 $a_n = (-3)^n$

2 節 いろいろな数列

15a (1) 91　　　　　　(2) 819

15b (1) 285　　　　　　(2) 4900

16a 1185

16b 9170

17a (1) $17 + 14 + 11 + 8 + 5$

　　(2) $8 + 15 + 24 + \cdots\cdots + (n+1)(n+3)$

17b (1) $\dfrac{1}{2} + \dfrac{1}{4} + \dfrac{1}{8} + \dfrac{1}{16} + \dfrac{1}{32} + \dfrac{1}{64}$

　　(2) $\dfrac{1}{2} + \dfrac{2}{3} + \dfrac{3}{4} + \cdots\cdots + \dfrac{n}{n+1}$

18a (1) $\displaystyle\sum_{k=1}^{n} 2^k$

　　(2) $\displaystyle\sum_{k=1}^{n} (4k-3)$

18b (1) $\displaystyle\sum_{k=1}^{n} (k+2)^2$

　　(2) $\displaystyle\sum_{k=1}^{n} (k+1)(k+2)$

考えてみよう 4

$3 + 5 + 7 + 9 + 11 = \displaystyle\sum_{k=1}^{\boxed{5}} \boxed{2k+1} = \sum_{i=2}^{\boxed{6}} \boxed{2i-1}$

19a (1) 820

　　(2) $\dfrac{1}{6}(n+1)(n+2)(2n+3)$

19b (1) 2870　　　　　　(2) $n(2n+1)$

20a (1) $3(2^n - 1)$　　(2) $\dfrac{3}{2}(3^n - 1)$

20b (1) 6^n-1

　(2) $\dfrac{1}{2}(5^{n-1}-1)$

21a (1) 205

　(2) $n(3n+2)$

　(3) $2n(n-1)$

21b (1) 32

　(2) $\dfrac{3}{2}n(n+5)$

　(3) $\dfrac{1}{2}(n-1)(5n-14)$

22a (1) $\dfrac{1}{3}n(n^2+2)$

　(2) $\dfrac{1}{6}n(4n^2+21n-1)$

22b (1) $\dfrac{1}{3}n(n-1)(n-2)$

　(2) $\dfrac{1}{6}n(2n^2-15n+37)$

23a $\dfrac{1}{3}n(n^2+6n+11)$

23b $\dfrac{1}{3}n(n+1)(4n-1)$

考えてみよう 5

$\dfrac{1}{6}n(n+1)(2n+1)$

24a (1) $b_n=2n-4$ 　(2) $b_n=3\cdot2^{n-1}$

24b (1) $b_n=2^{n-1}$ 　(2) $b_n=2n-10$

25a (1) $a_n=\dfrac{1}{2}(n^2+3n-2)$

　(2) $a_n=2^{n-1}+4$

25b (1) $a_n=\dfrac{1}{2}(3n^2-3n+8)$

　(2) $a_n=7-(-2)^{n-1}$

26a (1) $a_n=2n-5$

　(2) $a_n=6n^2-6n+2$

26b (1) $a_n=6n+2$

　(2) $a_n=4\cdot5^{n-1}$

考えてみよう 6

$a_1=2,\ n\geqq2$ のとき 　$a_n=2n-1$

練習4 　$\dfrac{n}{7(n+7)}$

練習5 　$S_n=(n+1)\cdot2^n-1$

練習6 (1) 　n^2-n+1

　(2) 　16020

練習7 (1) 　$n(n+1)(n^2+n-1)$

　(2) 　$\dfrac{1}{4}n(n+1)(n+2)(n+3)$

3 節 漸化式と数学的帰納法

27a 　$a_2=5,\ a_3=11,\ a_4=20,\ a_5=32$

27b 　$a_2=3,\ a_3=7,\ a_4=15,\ a_5=31$

28a (1) 　$a_n=-3n+5$

---

　(2) 　$a_n=-2\cdot5^{n-1}$

28b (1) 　$a_n=4n-11$

　(2) 　$a_n=4\cdot\left(\dfrac{1}{3}\right)^{n-1}$

29a 　$a_n=3n^2-3n+5$

29b 　$a_n=\dfrac{1}{2}(3^{n-1}+1)$

30a (1) 　$a_{n+1}-2=3(a_n-2)$

　(2) 　$a_{n+1}+1=-2(a_n+1)$

30b (1) 　$a_{n+1}-2=\dfrac{1}{2}(a_n-2)$

　(2) 　$a_{n+1}-\dfrac{1}{2}=-5\left(a_n-\dfrac{1}{2}\right)$

31a (1) 　$a_n=3\cdot2^{n-1}+5$

　(2) 　$a_n=9\cdot\left(\dfrac{1}{2}\right)^{n-1}-4$

31b (1) 　$a_n=3\cdot2^{n-1}-1$

　(2) 　$a_n=2\cdot\left(\dfrac{2}{3}\right)^{n-1}-3$

32a [1] 　$n=1$ のとき 　(左辺)$=1^3=1$

$$(右辺)=\dfrac{1}{4}\cdot1^2\cdot2^2=1$$

よって，$n=1$ のとき，①は成り立つ。

[2] 　$n=k$ のとき①が成り立つと仮定すると

$$1^3+2^3+3^3+\cdots\cdots+k^3=\dfrac{1}{4}k^2(k+1)^2 \cdots②$$

$n=k+1$ のとき，①の左辺を②を用いて変形すると

(左辺)$=1^3+2^3+3^3+\cdots\cdots+k^3+(k+1)^3$

$$=\dfrac{1}{4}k^2(k+1)^2+(k+1)^3$$

$$=\dfrac{1}{4}(k+1)^2\{k^2+4(k+1)\}$$

$$=\dfrac{1}{4}(k+1)^2(k^2+4k+4)$$

$$=\dfrac{1}{4}(k+1)^2(k+2)^2$$

$$=\dfrac{1}{4}(k+1)^2\{(k+1)+1\}^2$$

$$=(右辺)$$

よって，$n=k+1$ のときも①が成り立つ。

[1]，[2]から，すべての自然数 n について①が成り立つ。

32b [1] 　$n=1$ のとき 　(左辺)$=1$

$$(右辺)=\dfrac{1}{2}(3^1-1)=1$$

よって，$n=1$ のとき，①は成り立つ。

[2] 　$n=k$ のとき①が成り立つと仮定すると

$$1+3+3^2+\cdots\cdots+3^{k-1}=\dfrac{1}{2}(3^k-1) \cdots\cdots②$$

$n=k+1$ のとき，①の左辺を②を用いて変形すると

(左辺)$=1+3+3^2+\cdots\cdots+3^{k-1}+3^k$

$$=\frac{1}{2}(3^k-1)+3^k$$
$$=\frac{1}{2}(3^k-1+2\cdot3^k)$$
$$=\frac{1}{2}(3\cdot3^k-1)=\frac{1}{2}(3^{k+1}-1)$$
$$=(右辺)$$

よって，$n=k+1$ のときも①が成り立つ。

[1], [2]から，すべての自然数 n について①が成り立つ。

33a 命題「5^n-1 は 4 の倍数である」を①とする。

[1] $n=1$ のとき $5^1-1=4$

よって，①は成り立つ。

[2] $n=k$ のとき①が成り立つと仮定すると，整数 m を用いて，次のようにおける。

$$5^k-1=4m \quad\quad\cdots\cdots②$$

$n=k+1$ のとき，②を用いて

$$5^{k+1}-1=5\cdot5^k-1$$
$$=5(4m+1)-1$$
$$=20m+4$$
$$=4(5m+1)$$

ここで，$5m+1$ は整数であるから，$5^{k+1}-1$ は 4 の倍数となり，$n=k+1$ のときも①が成り立つ。

[1], [2]から，すべての自然数 n について①が成り立つ。

33b 命題「$4n^3-n$ は 3 の倍数である」を①とする。

[1] $n=1$ のとき $4n^3-n=4\cdot1^3-1=3$

よって，①は成り立つ。

[2] $n=k$ のとき①が成り立つと仮定すると，整数 m を用いて，次のようにおける。

$$4k^3-k=3m \quad\quad\cdots\cdots②$$

$n=k+1$ のとき，②を用いて

$$4(k+1)^3-(k+1)$$
$$=(4k^3+12k^2+12k+4)-(k+1)$$
$$=(4k^3-k)+12k^2+12k+3$$
$$=3m+12k^2+12k+3$$
$$=3(m+4k^2+4k+1)$$

ここで，$m+4k^2+4k+1$ は整数であるから，$4(k+1)^3-(k+1)$ は 3 の倍数となり，$n=k+1$ のときも①が成り立つ。

[1], [2]から，すべての自然数 n について①が成り立つ。

練習8 [1] $n=2$ のとき （左辺）$=5^2=25$

（右辺）$=5\cdot2+3=13$

よって，$n=2$ のとき，①は成り立つ。

[2] $k\geqq2$ として，$n=k$ のとき①が成り立つと仮定すると

$$5^k>5k+3 \quad\quad\cdots\cdots②$$

$n=k+1$ のとき，①の（左辺）$-$（右辺）を

②を用いて変形すると

$$5^{k+1}-\{5(k+1)+3\}$$
$$=5\cdot5^k-(5k+8)$$
$$>5(5k+3)-(5k+8)$$
$$=20k+7>0$$

よって $5^{k+1}>5(k+1)+3$

したがって，$n=k+1$ のときも①が成り立つ。

[1], [2]から，2以上のすべての自然数 n について①が成り立つ。

2章 統計的な推測

1節 確率分布

34a (1)

X	0	1	2	3	計
P	$\frac{1}{8}$	$\frac{3}{8}$	$\frac{3}{8}$	$\frac{1}{8}$	1

(2)

X	1	2	3	4	5	6	計
P	$\frac{1}{6}$	$\frac{1}{6}$	$\frac{1}{6}$	$\frac{1}{6}$	$\frac{1}{6}$	$\frac{1}{6}$	1

34b (1)

X	0	10	20	計
P	$\frac{1}{4}$	$\frac{2}{4}$	$\frac{1}{4}$	1

(2)

X	0	1	2	計
P	$\frac{21}{45}$	$\frac{21}{45}$	$\frac{3}{45}$	1

35a (1) $\frac{1}{6}$ (2) $\frac{2}{3}$ (3) $\frac{1}{2}$

35b (1) $\frac{18}{35}$ (2) $\frac{13}{35}$ (3) 1

36a 280円

36b 7

37a $E(X)=55$(円)，$V(X)=2525$，$\sigma(X)=5\sqrt{101}$(円)

37b $E(X)=\frac{10}{9}$(個)，$V(X)=\frac{35}{81}$，$\sigma(X)=\frac{\sqrt{35}}{9}$(個)

38a $E(X)=\frac{2}{3}$(回)，$V(X)=\frac{16}{45}$，$\sigma(X)=\frac{4\sqrt{5}}{15}$(回)

38b $E(X)=\frac{6}{5}$(回)，$V(X)=\frac{14}{25}$，$\sigma(X)=\frac{\sqrt{14}}{5}$(回)

39a 平均は 5 円，標準偏差は $5\sqrt{3}$ 円

39b 平均は $\frac{50}{3}$ 円，標準偏差は $\frac{80\sqrt{5}}{3}$ 円

40a

X	0	1	2	3	計
P	$\frac{8}{27}$	$\frac{12}{27}$	$\frac{6}{27}$	$\frac{1}{27}$	1

回数 X は二項分布 $B\left(3, \frac{1}{3}\right)$ にしたがう。

40b

X	0	1	2	3	4	計
P	$\frac{1}{16}$	$\frac{4}{16}$	$\frac{6}{16}$	$\frac{4}{16}$	$\frac{1}{16}$	1

回数 X は二項分布 $B\left(4,\ \frac{1}{2}\right)$ にしたがう。

41a (1)

X	0	1	2	3	4	5	計
P	$\frac{1}{32}$	$\frac{5}{32}$	$\frac{10}{32}$	$\frac{10}{32}$	$\frac{5}{32}$	$\frac{1}{32}$	1

(2) $\frac{1}{2}$

41b (1)

X	0	1	2	3	4	5	計
P	$\frac{32}{243}$	$\frac{80}{243}$	$\frac{80}{243}$	$\frac{40}{243}$	$\frac{10}{243}$	$\frac{1}{243}$	1

(2) $\frac{131}{243}$

42a (1) $E(X)=15$(回), $\sigma(X)=\frac{\sqrt{30}}{2}$(回)

(2) $E(X)=25$(回), $\sigma(X)=\frac{5\sqrt{2}}{2}$(回)

42b (1) $E(X)=\frac{15}{2}$(回), $\sigma(X)=\frac{3\sqrt{10}}{4}$(回)

(2) $E(X)=20$(回), $\sigma(X)=2\sqrt{3}$(回)

43a $E(X)=10$(個), $\sigma(X)=\frac{7\sqrt{5}}{5}$(個)

43b $E(X)=475$(粒), $\sigma(X)=\frac{\sqrt{95}}{2}$(粒)

44a (1) $\frac{1}{4}$　　(2) $\frac{3}{4}$

44b (1) $\frac{1}{2}$　　(2) $\frac{1}{4}$

45a (1) 0.3413　(2) 0.6826　(3) 0.1587

45b (1) 0.0853　(2) 0.281　(3) 0.5463

46a (1) 0.1587　　(2) 0.8185

46b (1) 0.0228　　(2) 0.6826

47a およそ53人

47b およそ14人

48a 0.9974

48b 0.0004

練習9 175.4cm 以上

2 節 統計処理

49a (1) 全数調査　　(2) 標本調査

49b (1) 標本調査　　(2) 全数調査

50a (1) 25通り　　(2) 20通り

50b (1) 343通り　　(2) 210通り

51a

X	0	1	2	計
P	$\frac{4}{10}$	$\frac{4}{10}$	$\frac{2}{10}$	1

$m=\frac{4}{5}$, $\sigma=\frac{\sqrt{14}}{5}$

51b

X	0	2	4	6	計
P	$\frac{3}{10}$	$\frac{3}{10}$	$\frac{3}{10}$	$\frac{1}{10}$	1

$m=\frac{12}{5}$, $\sigma=\frac{4\sqrt{6}}{5}$

52a

$\overline{X}$	1	2	3	4	5	6	7	計
P	$\frac{1}{16}$	$\frac{2}{16}$	$\frac{3}{16}$	$\frac{4}{16}$	$\frac{3}{16}$	$\frac{2}{16}$	$\frac{1}{16}$	1

52b

$\overline{X}$	1	2	3	4	5	計
P	$\frac{4}{16}$	$\frac{4}{16}$	$\frac{5}{16}$	$\frac{2}{16}$	$\frac{1}{16}$	1

53a $E(\overline{X})=60$, $\sigma(\overline{X})=\frac{15}{13}$

53b $E(\overline{X})=320$, $\sigma(\overline{X})=1$

54a 0.6687

54b 0.0228

55a $24.02\leqq m\leqq 25.98$

55b $14.44\leqq m\leqq 15.56$

56a 61点以上69点以下

56b 1922時間以上2078時間以下

57a n を139以上にすればよい。

57b n を385以上にすればよい。

58a 82.2%以上97.8%以下

58b 2.4%以上5.6%以下

59a いえない。

59b 正しく調整されているかどうかは判断できない。

練習10 考えてよい。

正規分布表

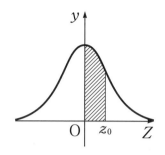

z_0	0	1	2	3	4	5	6	7	8	9
0.0	.0000	.0040	.0080	.0120	.0160	.0199	.0239	.0279	.0319	.0359
0.1	.0398	.0438	.0478	.0517	.0557	.0596	.0636	.0675	.0714	.0753
0.2	.0793	.0832	.0871	.0910	.0948	.0987	.1026	.1064	.1103	.1141
0.3	.1179	.1217	.1255	.1293	.1331	.1368	.1406	.1443	.1480	.1517
0.4	.1554	.1591	.1628	.1664	.1700	.1736	.1772	.1808	.1844	.1879
0.5	.1915	.1950	.1985	.2019	.2054	.2088	.2123	.2157	.2190	.2224
0.6	.2257	.2291	.2324	.2357	.2389	.2422	.2454	.2486	.2517	.2549
0.7	.2580	.2611	.2642	.2673	.2704	.2734	.2764	.2794	.2823	.2852
0.8	.2881	.2910	.2939	.2967	.2995	.3023	.3051	.3078	.3106	.3133
0.9	.3159	.3186	.3212	.3238	.3264	.3289	.3315	.3340	.3365	.3389
1.0	.3413	.3438	.3461	.3485	.3508	.3531	.3554	.3577	.3599	.3621
1.1	.3643	.3665	.3686	.3708	.3729	.3749	.3770	.3790	.3810	.3830
1.2	.3849	.3869	.3888	.3907	.3925	.3944	.3962	.3980	.3997	.4015
1.3	.4032	.4049	.4066	.4082	.4099	.4115	.4131	.4147	.4162	.4177
1.4	.4192	.4207	.4222	.4236	.4251	.4265	.4279	.4292	.4306	.4319
1.5	.4332	.4345	.4357	.4370	.4382	.4394	.4406	.4418	.4429	.4441
1.6	.4452	.4463	.4474	.4484	.4495	.4505	.4515	.4525	.4535	.4545
1.7	.4554	.4564	.4573	.4582	.4591	.4599	.4608	.4616	.4625	.4633
1.8	.4641	.4649	.4656	.4664	.4671	.4678	.4686	.4693	.4699	.4706
1.9	.4713	.4719	.4726	.4732	.4738	.4744	.4750	.4756	.4761	.4767
2.0	.4772	.4778	.4783	.4788	.4793	.4798	.4803	.4808	.4812	.4817
2.1	.4821	.4826	.4830	.4834	.4838	.4842	.4846	.4850	.4854	.4857
2.2	.4861	.4864	.4868	.4871	.4875	.4878	.4881	.4884	.4887	.4890
2.3	.4893	.4896	.4898	.4901	.4904	.4906	.4909	.4911	.4913	.4916
2.4	.4918	.4920	.4922	.4925	.4927	.4929	.4931	.4932	.4934	.4936
2.5	.4938	.4940	.4941	.4943	.4945	.4946	.4948	.4949	.4951	.4952
2.6	.4953	.4955	.4956	.4957	.4959	.4960	.4961	.4962	.4963	.4964
2.7	.4965	.4966	.4967	.4968	.4969	.4970	.4971	.4972	.4973	.4974
2.8	.4974	.4975	.4976	.4977	.4977	.4978	.4979	.4979	.4980	.4981
2.9	.4981	.4982	.4982	.4983	.4984	.4984	.4985	.4985	.4986	.4986
3.0	.4987	.4987	.4987	.4988	.4988	.4989	.4989	.4989	.4990	.4990
3.1	.4990	.4991	.4991	.4991	.4992	.4992	.4992	.4992	.4993	.4993
3.2	.4993	.4993	.4994	.4994	.4994	.4994	.4994	.4995	.4995	.4995
3.3	.4995	.4995	.4995	.4996	.4996	.4996	.4996	.4996	.4996	.4997
3.4	.4997	.4997	.4997	.4997	.4997	.4997	.4997	.4997	.4997	.4998
3.5	.4998	.4998	.4998	.4998	.4998	.4998	.4998	.4998	.4998	.4998

新課程版　スタディ数学 B

2023年1月10日　初版　　第1刷発行

編　者　第一学習社編集部

発行者　松　本　洋　介

発行所　株式会社 第一学習社

広島：広島市西区横川新町7番14号　〒733-8521　☎082-234-6800
東京：東京都文京区本駒込5丁目16番7号　〒113-0021　☎03-5834-2530
大阪：吹田市広芝町8番24号　〒564-0052　☎06-6380-1391

札　幌☎011-811-1848　　　仙台☎022-271-5313　　　新潟☎025-290-6077
つくば☎029-853-1080　　　東京☎03-5834-2530　　　横浜☎045-953-6191
名古屋☎052-769-1339　　　神戸☎078-937-0255　　　広島☎082-222-8565
福　岡☎092-771-1651

 訂正情報配信サイト 26932-01
利用に際しては，一般に，通信料が発生します。

https://dg-w.jp/f/84332

書籍コード　26932-01

＊落丁，乱丁本はおとりかえいたします。
解答は個人のお求めには応じられません。

ISBN978-4-8040-2693-0　　　　　　　　ホームページ　http://www.daiichi-g.co.jp/

等差数列の一般項

初項 a，公差 d の等差数列 $\{a_n\}$ の一般項は

$$a_n = a + (n-1)d$$

a_1 a

a_2 a d

a_3 a d d

a_{n-1} a d d d

a_n a d d d d

d が $(n-1)$ 個

等差数列の和

等差数列の初項から第 n 項までの和 S_n は，

初項 a，末項 l のとき

$$S_n = \frac{1}{2} n(a+l)$$

初項 a，公差 d のとき

$$S_n = \frac{1}{2} n\{2a+(n-1)d\}$$

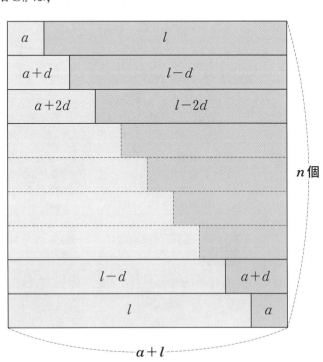